NOUVEAU SYSTÈME

DE

PHYSIOLOGIE

VÉGÉTALE

ET

DE BOTANIQUE.

IMPRIMERIE DE BOURGOGNE ET MARTINET,
RUE DU COLOMBIER, 30.

NOUVEAU SYSTÈME

DE

PHYSIOLOGIE

VÉGÉTALE

ET

DE BOTANIQUE,

FONDÉ SUR LES MÉTHODES D'OBSERVATION QUI ONT ÉTÉ DÉVELOPPÉES DANS LE NOUVEAU SYSTÈME DE CHIMIE ORGANIQUE;

PAR

F. V. RASPAIL.

ATLAS.

PARIS,

CHEZ J. B. BAILLIÈRE,

Libraire de l'Académie royale de Médecine,

RUE DE L'ÉCOLE DE-MÉDECINE, 13 BIS,

A LONDRES, MÊME MAISON, 219, REGENT STREET.

1837.

AVERTISSEMENT.

Les planches qui composent cet Atlas ont été distribuées, dans le même esprit qui a présidé à la rédaction de cet ouvrage : dans l'esprit de la synthèse, méthode progressive ayant pour but de conduire constamment à l'unité, qui est l'âme de la nature.

Dans les ouvrages élémentaires, on se plaît à mutiler une plante, afin de classer par organes ; on y distribue les figures par ordre de racines, de tiges, de feuilles, de calices, de corolles, d'éta mines et de pistils ; on place sur une planche tous les pistils des quatre parties du monde, sur l'autre, toutes les étamines ; pour que, dans le cas où l'élève voudrait étudier, avec le secours de l'Atlas, l'habitude d'une plante, il ait la peine de rassembler ces membres épars, et de leur rendre leur première harmonie.

Nous avons suivi une marche toute contraire. Nous avons classé en général les organes, dans le texte de la nomenclature ; mais nous avons réuni, sur chaque planche, les analyses que la partie démonstrative de l'ouvrage a empruntées à la même plante. Cependant, afin de ne négliger aucun avantage, quel que faible qu'il soit, nous avons classé toutes les figures d'analyse de nos planches, par ordre d'organes, en tête de l'explication générale de cet atlas. Nous avons voulu que l'Atlas seul à la main, l'élève pût s'exercer, dans une excursion aux champs ou aux jardins botaniques, à l'analyse aussi complète que possible de l'une des plantes qui nous ont fourni le plus de détails. A ce sujet, nous avons presque toujours choisi les plantes les plus vulgaires; nous avons pensé qu'il serait absurde de nous appesantir, sur l'étude du Baobab du Sénégal, dans un ouvrage destiné à ouvrir les portes du règne végétal, à des élèves qui ne sortiront peut-être jamais d'Europe. Si nous avions publié notre livre au Sénégal ou au Brésil, la méthode que nous suivons serait tout aussi absurde que l'autre. Lorsque nos planches nous ont laissé quelque vide, nous avons tâché de l'utiliser, en y faisant entrer quelques organes au moins d'une toute autre espèce.

Les organes de même nature s'y trouvant constamment désignés par les mêmes signes abréviatifs, dont nous joignons ci-après l'explication, l'Atlas deviendra de cette sorte une espèce de résumé iconographique des deux volumes précédens; et à l'aide d'un léger effort de mémoire, l'élève, en quelques jours, sera en état de lire, sur les planches, aussi couramment que dans le texte. Dans le cas d'une difficulté, il trouvera, dans l'explication, le complément des signes, ainsi que le renvoi à celui des alinéas des deux volumes auquel se rapporte la figure qu'il s'agit d'expliquer.

On ne nous demandera pas sans doute compte des motifs qui, sur quarante mille espèces connues, nous ont porté à faire entrer, dans le cadre de soixante planches, telle plutôt que telle forme de végétaux. La réponse à ce reproche est écrite d'un bout à l'autre de nos démonstrations. Nous avons choisi de préférence celles des plantes communes, qui pouvaient servir à établir le plus clairement une analogie; et nous n'avons eu recours aux plantes rares, que lorsque la révélation du fait physiologique nous paraissait moins saillante ailleurs.

Du reste, il n'y a peut-être rien de plus rare dans la science qu'une analyse approfondie d'une plante commune; il suffira de se rappeler que la Pariétaire et l'Ortie sont encore placées à côté du Figuier, et la Pimprenelle à côté de la Rose, pour concevoir, après avoir lu cet ouvrage, combien l'étude des plantes de notre pays a été jusqu'à ce jour négligée.

Les dessins, d'après lesquels les soixante planches de cet ouvrage ont été gravées, ont été refaits en entier en couleur sur nos croquis ou sur nos propres dessins, mais toujours d'après nature, par un artiste paysagiste distingué, qui a bien voulu consentir de descendre des hauteurs du point de vue, à la difficulté et au fini des détails profondément observés. M. Louis Leblanc s'est prêté à la précision minutieuse de l'observation microscopique, et aux exigences d'un observateur qui n'est pas indulgent, avec une docilité et une persévérance qui ont fini par lui acquérir un talent de plus, un talent rare en histoire naturelle, celui de rendre, avec une élégante naïveté, les organes microscopiques, que le pinceau académique s'est plu si long-temps et se plaît encore à nous défigurer sous des brillantes couleurs.

La gravure a en général dépassé nos espérances. Il est quelques unes de nos planches qui nous paraissent sans modèles en France; le plus grand nombre est supérieur en mérite à celles qui se publient sous les auspices des subventions ministérielles ou académiques : cinq à six seulement sont comparables aux meilleures de ce genre. M. J. B. Baillière est l'un des éditeurs peu nombreux de la capitale, qui comprennent le mieux l'importance d'une gravure exécutée consciencieusement ; et nous devons lui rendre hautement cette justice, qu'il n'a rien épargné pour que le burin de l'artiste ne restât pas en général au-dessous du crayon du dessinateur.

Toute l'année 1834 a été consacrée à la confection des dessins ; presque toute l'année 1836, à la gravure et à l'impression du texte. Ce sont là les causes principales du retard apporté à la publication. Il en est d'autres qui ne proviennent ni du fait de l'auteur, et encore moins du fait de l'éditeur ; de ces causes-là, Dieu seul peut être juge ; et nous ne lui sachons pas encore, sur ce point, d'autre légitime suppléant que l'opinion publique.

EXPLICATION
DES SIGNES ABRÉVIATIFS
QUI SERVENT, SUR TOUTES LES PLANCHES DE CET OUVRAGE,
A DÉSIGNER LES MÊMES ORGANES.

Ala (aile de la fleur des Léguminacées), paragraphe 164.	*aa.*	*Alburnum* (aubier), p. 30.	*ab.*
Albumen seu *perisperma* (périsperme), p. 127.	*al.*	*Anthera* (anthère), p. 146.	*an.*
		Arillus (arille), p. 125.	*ai.*
		Arista (arête).	*ar.*
Bractea (bractée), p. 46.	*br.*	*Bulbus* (bulbe), p. 22, 3°.	*bl.*
Calcar (éperon), p. 175.	*ca.*	*Chorda* (cordon ombilical), p. 124.	*cho.*
Calyx inferior (calice inférieur), p. 167.	*c. 1.*	*Cicatricula* (cicatricule), p. 35, 2°.	*cc.*
Calyx superior (calice supérieur), p. *ibid.*	*c. 2.*	*Cirrhus* (vrille), p. 49.	*ci.*
Carina (carène de fleurs légumineuses), p. 164.	*cr.*	*Columella* (columelle), p. 101.	*cm.*
Caudex (collet) p. 483.	*cd.*	*Connecticulum* (connecticule), p. 149.	*cn.*
Caulis (tige), p. 29.	*cl.*	*Connectivum* (connectif), p. 148.	*cv.*
Cellula (cellule), p. 197.	*ce.*	*Corolla* (corolle), p. 152.	*co.*
Chalaza (chalaze), p. 24.	*ch.*	*Cortex* (écorce), p. 30.	*ct.*
		Cotyledo (cotylédon), p. 129.	*cy.*
Dehiscentia (déhiscence), p. 109.	*d.*	*Dissepimentum* (cloison), p. 106.	*ds.*
Embryo (embryon), p. 124.	*e.*	*Epidermis* (épiderme), p. 30.	*ep.*
Fecula (fécule), p. 197.	*fe.*	*Foliolum* (foliole), p. 43.	*fo.*
Filamentum (filament), p. 144.	*f.*	*Folliculum* (follicule), p. 44.	*fl.*
Filum (filet), p. 149.	*f'.*	*Folium* (feuille), p. 42.	*fi.*
Flos (fleur), p. 82.	*fs.*	*Fructus* (fruit), p. 98.	*fr.*
Flos masculus (fleur mâle), p. 90.	*fs. m.*	*Funiculus* (funicule), p. 122.	*fn.*
Flos fœmineus (fleur femelle), p. *ibid.*	*fs. f.*		
Gemma (bourgeon), p. 39.	*g.*	Glume quatrième.	*gm. δ.*
Glandula (glande), p. 192.	*gl.*	Glume à une nervure.	*gm. 1.*
Gluma (glume), p. 44 et 268.	*gm.*	Glume à deux nervures.	*gm. 2.*
Glume inférieure ou première glume.	*gm. α.*	Glume à trois nervures.	*gm. 3.*
Glume deuxième.	*gm. β.*	*Granum* (grain), p. 98.	*gr.*
Glume troisième.	*gm. γ.*		
Hilus (hile), p. 122.	*h.*	*Heterovulum* (hétérovule), p. 122, 4°.	*hov.*
Indusium (indusie), p. 111, 8°.	*ind.*	*Interstitium* (interstice), p. 199.	*int.*
Inflorescentia (inflorescence), p. 72.	*in.*	*Involucrum* (involucre), p. 176.	*inv.*
Internodium (entre-nœud), p. 33, 7°.	*ino.*		

Liber (liber), paragraphe 30, 2°.	*lb.*	*Limbus* (limbe), p. 43, 3°.	*lm.*
Lignum (bois), p. 30, 4°.	*lg.*	*Loculus* (loge), p. 101.	*l.*
Ligula (ligule), p. 48, 4°.	*ll.*	*Locusta* (épillet).	*lc.*
Medulla (moelle), p. 30, 5°.	*md.*	*Membrana* (membrane), p. 201.	*mm.*
Nectarium (nectaire), p. 140.	*n.*	*Nodus* (nœud, articulation), p. 33, 7°.	*no.*
Nervus (nervure), p. 65, 29°.	*ne.*		
Ovarium (ovaire), p. 44.	*o.*	*Ovulum* (ovule), p. 98.	*ov.*
Palea (paillette), p. 44.	*pe.*	*Petiolus* (pétiole), p. 48, 1°.	*pi.*
Palea inferior.	*pe. α.*	*Pericarpium* (péricarpe), p. 101.	*pp.*
Palea superior.	*pe. β.*	*Pilus* (poil), p. 191.	*pl.*
Palea binervia.	*pe. 2.*	*Pistillum* (pistil), p. 98.	*pt.*
Palea uninervia.	*pe. 1.*	*Placentarium* (placentaire), p. 110.	*pc.*
Palea trinervia, etc.	*pe. 3.*	*Plumula* (plumule), p. 129, 2°.	*pm.*
Panicula (panicule), p. 73, 6°.	*pu.*	*Pollen* (pollen), p. 149.	*pn.*
Pedunculus (pédoncule), p. 36, 5°.	*pd.*	*Præfoliatio* (préfoliation), p. 52.	*pr.*
Peloria (monstruosité), 183.	*po.*	*Præfloratio* (préfloraison), p. 177.	*pf.*
Petalum (pétale), p. 152.	*pa.*		
Rachis (axe de l'épi), p. 73, 7°.	*ra.*	*Ramescentia* (ramescence), p. 72.	*re.*
Radicula (radicule), p. 129.	*rc.*	*Ramus* (rameau), p. 38.	*rm.*
Radix (racine), p. 22.	*rd.*		
Sepalum (sépale), p. 168.	*s.*	*Staminulum* (staminule), p. 150.	*sl.*
Spica (épi), p. 73, 7°.	*sp.*	*Stigma* (stigmate), p. 99.	*si.*
Spira (spire), p. 200.	*sr.*	*Stigmatulum* (stigmatule), p. 122, 3°.	*sg.*
Spora (spore), p. 111, 9°.	*so.*	*Stipula* (stipule), p. 47.	*sti.*
Sporangium (sporange), *ibid.*	*sn.*	*Stoma* (stomate), p. 192, 7°.	*st.*
Squamæ (écailles).	*sq.*	*Stylus* (style), p. 100.	*sy.*
Stamen (étamine), p. 142.	*sm.*	*Sutura* (suture), p. 106.	*su.*
Testa (test), p. 124.	*tt.*	*Tuberculum* (tubercule), p. 22, 2°.	*tb.*
Theca (loge des anthères), p. 142.	*th.*	*Tubus* (tube), p. 159, 1°.	*tu.*
Truncus (tronc), p. 29.	*tr.*		
Urna (urne), p. 111, 7°.	*ur.*		
Vagina (gaine), p. 48, 2°.	*vg.*	*Venter* (panse), p. 122.	*vn.*
Valva (valve), p. 106.	*vl.*	*Vexillum* (étendard des Léguminacées),	
Vasculum (vaisseau), p. 198.	*va.*	p. 164.	*vx.*

N. B. Sur les planches, les objets dessinés de grandeur naturelle sont accompagnés du signe ⊥, les figures réduites sont accompagnées du signe — ; quant aux autres, le grossissement s'obtient facilement par la comparaison des diamètres respectifs des figures placées sur la même planche.

DISTRIBUTION
DES PRINCIPALES FIGURES
PAR ORDRE D'ORGANES.

BULBE (*bl*).

Planches.	Figures.		Planches.	Figures.
1	11 — 13		28	6, 16
6	7			

CALICE (*c*).

Planches.	Figures.		Planches.	Figures.
30	3		43	1, 10, 19
32	6, 7		45	3, 10, 12
33	11, 13		48	1, 2
35	1, 4, 11		49	3, 8, 9
36	1, 16, 17		50	4
37	5		51	6, 19
39	1, 4		52	1, 3, 4
42	9		53	4, 6, 9

COROLLE (*co*).

Planches.	Figures.		Planches.	Figures.
13	2, 3, 7		43	1, 6
15	5, 9, 8		44	11
20	1, 2, 5, 10		45	1, 3, 8
22	5		46	2, 7, 14
23	2, 3		48	2, 5
31	3, 11		49	3
34	2		50	4
35	2, 3, 5		51	6, 11, 14, 19
36	1, 13, 16, 17		52	1, 10
39	1, 2, 3		53	3, 4, 8, 9
40	11		54	1, 2, 15, 17

EMBRYON (*e*).

Planches.	Figures.	Planches.	Figures.
10	9	39	5, 6
14	14, 16	40	13, 14, 16
15	2	41	13, 15
16	6, 12	43	20
20	6	44	1
22	6, 15	45	11
23	7, 9	46	1, 8, 11
27	7, 8	47	6
29	1, 2	51	7, 17, 26
30	2	52	7
32	9, 10	54	10
33	14, 16	55	6, 10, 17
36	5, 6, 7		

ÉPIDERME (*ep*).

Planches.	Figures.	Planches.	Figures.
3	1, 2, 3, 4, 7, 8	44	7
4	6, 7, 8	51	10, 12, 13, 18, 20

ÉTAMINE (*sm*).

Planches.	Figures.	Planches.	Figures.
14	9, 11	39	11
15	5, 8	40	2, 5, 7
17	10, 13	41	9, 10, 11
18	3	42	8, 10, 11
19	15	43	6, 9, 17, 21
20	2, 7, 10	44	3, 11
22	5, 10	45	2, 4, 5, 8, 9
24	12	46	2, 7
25	2, 4, 8	47	3, 8
26	1, 4, 6, 8	48	3, 4, 6, 10, 11
28	4, 17	49	2, 8, 11
30	7, 8, 10	51	11, 15
31	10, 11	52	1, 9
33	1	53	3, 6
34	1, 2	54	2, 11, 13
35	2, 3, 5	56	4, 7, 12, 14
36	10, 11, 14, 16	57	11
37	4		

FEUILLE (*fi*) ET FOLLICULE (*fl*).

Planches.	Figures.	Planches.	Figures.
4	1, 2, 4, 5	26	7
6	1, 2, 3, 4, 5, 6, 9, 10	28	6
7	1—64	29	3
8	65—115	31	2
9	1—16	35	6, 17
11	2, 7, 8	39	12
13	1, 6, 7	40	1
15	1, 4, 15, 7, 10	48	7
17	9, 14	51	19
18	2, 4, 7	54	6
19	2, 4, 5, 6	55	1, 3, 7, 8, 9, 11
20	3	57	4, 5, 6
21	1, 2, 6, 10	60	9, 12
25	1, 3, 5, 11		

FLEUR (*fs*).

Planches.	Figures.	Planches.	Figures.
10	6, 7, 10	37	2, 5
15	3	39	1
16	13	41	1, 2, 3, 12
17	3—7, 13	42	1, 2, 7
18	3	43	1
19	1, 12	45	1, 2, 3
20	10	47	1
21	1, 6, 7	48	1, 2, 7
22	1, 5, 12	49	1, 3, 9
24	1, 3	50	4, 6
25	3, 11	51	2
26	2	52	1
28	2, 3, 10, 11, 12	53	3, 4, 9
30	1, 7	54	1, 12, 17
31	1, 2, 3, 4, 5, 8, 11	56	1, 4, 6, 11, 14
32	2, 4	60	1, 5, 6
36	1, 13, 16, 17		

FRUIT (*fr* ou *o*)

Planches.	Figures.	Planches.	Figures.
17	11, 17	42	5
21	1, 3, 5	43	16
22	12, 14	44	10, 12, 13
23	5	45	7, 10
24	13, 15	46	1, 9, 14
26	11—13	47	2
28	14, 18	48	13, 17, 18, 19
30	4, 5, 6	49	2, 4
31	6, 7, 9, 12, 14, 15	51	5, 19, 21
32	11	52	6
33	8, 10	53	1
36	2, 12, 13, 14	54	7
37	8	55	1, 2, 12, 15
38	1, 5, 6	56	8
39	10	57	8, 9
41	7		

GEMME (*g*).

Planches.	Figures.	Planches.	Figures.
6	5, 6, 10	21	7
10	4	34	10
11	2, 4, 6, 8	35	17
12	1 — 6	48	7
13	1	55	9
14	1		

GLANDE (*gl*).

Planches.	Figures.	Planches.	Figures.
20	5, 9, 11	39	7
26	10, 15	44	14
29	4	48	13
32	8		

GRAINE (*ov* ou *gr*).

Planches.	Figures.		Planches.	Figures.
14	14, 16		43	18
20	6		44	1, 2, 3, 9
22	13, 15		46	1, 5, 6, 8
23	8, 9		47	6
27	9—11		48	15
31	13, 14, 16		51	4, 23, 25, 26
32	6, 9, 11, 12, 13		52	8
33	9, 12		54	5, 9
35	14		55	16
36	4		56	2, 10
38	2, 4, 5, 6		57	8
39	8		58	1, β
40	4		59	1, so
41	16, 21			

INFLORESCENCE (*in*).

Planches.	Figures.		Planches.	Figures.
10	5, 7		34	4
13	1		35	6
14	5		36	15, 19
15	11—14		44	13
17	1, 2, 8, 9, 17		48	7
19	3		49	1, 9
21	6, 7		50	3, 5, 15
25	7		51	2
31	1, 3		54	6
32	1, 3, 5		55	1, 2
33	6		56	3, 5

OVULE NON FÉCONDÉ.

Planches.	Figures.		Planches.	Figures.
14	4, 13		37	6
22	4, 7, 8		40	6, 8
23	6, 10		46	15, 16
24	9, 10		47	9
27	6		48	16
28	5		50	1, 2, 11, 12, 13, 14
29	10, 11		51	1, 3, 8
35	15		54	14

PISTIL (*pt*).

Planches.	Figures.	Planches.	Figures.
10	6	41	14
14	5, 11, 12	42	4
16	1, 2, 3, 4	43	4, 12
20	4, 8, 10, 11	45	2, 7
22	2, 3, 4	46	3, 9
25	7	47	5, 9, 10
26	1, 3	48	3, 13
28	1	49	11
30	7—9	50	2
33	2, 3	51	1, 16
34	7	53	2, 3
35	6, 7, 9, 10, 16	54	3, 5, 7, 16
36	3	55	12
37	1, 7	56	1, 13
40	11, 15, 17, 18, 19		

POIL (*pl*).

Planches.	Figures.	Planches.	Figures.
3	3	29	8, 9
21	2	34	10, 12
26	5, 9, 16	41	19
27	1, 12	56	9

POLLEN (GRAINS DE) (*pn*), ou tissu pollinique.

Planches.	Figures.	Planches.	Figures.
14	6, 7, 8	41	18, 20
22	11	42	11, 12
23	2, 4, 5, 6, 7, 8, 14	43	5, 21
25	6	44	4, 6, 8
26	8	48	12
30	10	51	11
34	6	52	9
36	3	54	4, 18
37	3		

RACINE (*rd*).

Planches.	Figures.	Planches.	Figures.
18	2, 4, 5, 6	24	11
21	8	25	12

SPIRES DES VAISSEAUX ET DES CELLULES (*sr*).

Planches.	Figures.		Planches.	Figures.
1	1, 10		41	20
2	1, 16		42	6
3	6		51	20

STAMINULES (*sl*).

Planches.	Figures.		Planches.	Figures.
25	9		43	3, 6, 11
26	14		44	3
37	1, 2		48	4
42	13		54	2

STIGMATE (*si*), ET STYLE (*y*).

Planches.	Figures.		Planches.	Figures.
10	6		43	4, 12, 15, 16
17	7, 11, 12, 15		45	2, 8
18	3		46	3, 4, 9, 14
19	7, 11, 12, 15		48	3, 13
24	12		49	2, 11
28	1, 13		50	2, 10
33	3, 4, 5, 7		51	1, 16
34	2, 11		52	5, 6
35	5		53	1, 2, 8, 9
37	1		54	3, 7, 16
40	10, 9		55	12,
41	4, 14		56	1, 13

STIGMATULE (*sg*).

Planches.	Figures.		Planches.	Figures.
6	1, 3		45	12
22	7, 8		48	3
27	6, 10		50	8, 11, 13
33	11, 13, 15		51	1, 3, 4, 8
34	10, 12		56	1
35	1, 4, 6, 11			

TIGE (*cl*).

Planches.	Figures.		Planches.	Figures.
5	3		18	1, 2, 4
6	9, 10		25	11
9	17		28	9
10	1, 2, 3, 4, 5		29	6
11	1, 3, 4, 6, 7, **8**, 9		34	4, 5, 8, 9
12	1—6		60	1, 9
15	1, 11, 14			

TISSUS ÉLÉMENTAIRES.

Planches.	Figures.		Planches.	Figures.
3	5		39	7
4	3		48	8, 9
5	1—5		51	9, 10, 12, 13, 20
6	8		57	7
23	1, 4		58	1—12
27	1—4		59	10
29	7			

TUBERCULE (*tb*).

Planches.	Figures.		Planches.	Figures.
24	11		25	12

VRILLE (*ci*).

Planches.	Figures.		Planches.	Figures.
6	9, 10		48	7
8	114			

EXPLICATION DES PLANCHES.

PLANCHE I.

Les figures 1-10 sont destinées à mettre, pour ainsi dire, en relief la THÉORIE SPIRO-VÉSICU-LAIRE, dont nous avons donné les formules principales, à partir du § 716, tome Ier. Les figures 11-13 offrent trois tranches transversales d'une bulbe (856 *).

FIG. 1. — Admettez que, dans la région β d'un cylindre ou d'une sphère, un organe (fi. 1) donne naissance à deux spires (sr) de nom contraire et d'égale vitesse. Ces deux spires, se glissant contre les parois, viendront se rencontrer à la partie opposée du même cylindre (fi. 2); puis, en continuant leur route dans les mêmes conditions, elles viendront se rencontrer une troisième fois à la hauteur (α) du même cylindre et sur la portion (fi. 3) diamétralement opposée à (fi. 2). Que si le mode de ces rencontres est un accouplement, le résultat sera la formation d'un organe. Le cylindre aura donc acquis, sur sa surface, trois organes alternes, c'est-à-dire disposés sur deux lignes longitudinales diamétralement opposées, l'inférieur à gauche, le deuxième à droite et le troisième à gauche, disposition qui se continuera à l'infini, tant que les spires ne changeront ni de nombre, ni de nom, ni de vitesse (727).

FIG. 2. — Si, du centre d'un cylindre ou d'une sphère, naissent symétriquement trois de ces couples de spires de la figure précédente; la première rencontre ayant lieu, à la région γ du tube, y enfantera un verticille de trois organes désignés par autant de petits cercles. Mais continuant leur route, après ce premier accouplement, la spire mâle du premier accouplement ira rencontrer la spire femelle de l'accouplement voisin, à la hauteur arbitrairement prise (β) de la même capacité, et de ce second accouplement naîtra nécessairement un verticille de trois organes, qui alterneront avec les organes du verticille inférieur. Après ce second accouplement, les spires, continuant leur route, la spire mâle de chaque accouplement ira à la rencontre de la spire femelle de l'accouplement voisin, et s'accouplera avec elle à la hauteur arbitraire (α) de la même capacité. On aura encore ainsi un troisième verticille d'organes alternant avec le verticille du second accouplement; et si les spires continuent leur route, et qu'à chaque accouplement on ait soin de marquer le signe d'un organe, on trouvera que la surface

(*) Les chiffres arabes entre parenthèses renvoient aux paragraphes du 1er et du 2e volume.

du cylindre sera ornée de tout autant de verticilles alternes-ternaires, qu'on supposera de nouvelles rencontres entre les spires (746).

FIG. 3. — Cette figure sert à peindre aux yeux, par les mêmes procédés, les résultats que produirait, dans le sein d'une capacité vasculaire, l'existence de quatre paires de spire de nom contraire, animées de la même vitesse. En marquant d'un petit cercle différemment ponctué leurs diverses rencontres, on voit qu'on obtiendrait des verticilles quaternaires qui se croiseraient à angle droit (754).

FIG. 4. — En admettant dans le sein d'une capacité vasculaire, cinq paires de spires de nom contraire et animées de la même vitesse, on obtiendrait autant de verticilles quinaires, alternant avec les inférieurs et les supérieurs, qu'il se produirait de nouvelles rencontres aux mêmes hauteurs (γ, β, α) de la paroi vasculaire (751).

Nous avons désigné ces tracés sous le nom de *projections*, parce que l'œil de l'observateur est censé regarder de champ l'appareil vasculaire ou le cylindre posé verticalement, et que nous supposons que, pour la facilité de la démonstration, les ombres des spires viennent se projeter en lignes courbes sur un plan, et les cercles, où se fait leur rencontre, viennent se projeter en cercles de points.

Nous avons désigné les suivantes sous le nom de *constructions*, parce qu'elles sont destinées à donner le modèle des constructions, que le lecteur pourra s'amuser à faire, afin de se représenter en relief la théorie de la disposition des organes. En effet, s'il a soin de calquer chacune de ces figures et de les découper carrément, qu'il joigne ensuite les deux bords (α) de chacune ensemble, il aura ainsi un cylindre, sur la surface duquel il pourra lire la direction des spires de nom et de direction contraires, ainsi que la disposition des organes auxquels leur accouplement est supposé donner lieu. Les spires sont désignées par des cylindres, et les organes par les lettres *fi*. Afin de rendre plus sensible la marche respective des spires, on aura soin de colorier celles qui vont de gauche à droite avec une couleur différente de celles qui vont de droite à gauche; on distinguera mieux de la sorte les spires mâles et les spires femelles. Il est inutile de faire remarquer que l'on pourra continuer en longueur à l'infini chacune de ces dispositions, et qu'on pourra même donner, à chaque disposition, des proportions plus grandes que celles que les limites de la planche nous ont permis d'employer.

FIG. 5. — Construction de l'hypothèse de deux spires de nom contraire et d'égale vitesse, d'où émane l'ordre d'alternation (727) dont la figure 1re donne la projection.

FIG. 6. — Construction de l'hypothèse de deux paires de spires de nom contraire et d'égale vitesse, d'où émane la disposition croisée (741).

FIG. 7. — Construction de l'hypothèse de deux spires de nom contraire et d'inégale vitesse, d'où émane la disposition en spirale des organes (*fi*) (751).

FIG. 8. — Construction de l'hypothèse de quatre paires de spires de nom contraire et d'égale vitesse, d'où émane la disposition par verticilles quaternaires-alternes, dont la figure 5 donne la projection (754).

FIG. 9. — Construction de l'hypothèse de trois paires de spires de nom contraire et d'égale vitesse, d'où émane la disposition par verticilles ternaires-alternes, dont la figure 2 a donné la projection (746).

FIG. 10. — Construction de l'hypothèse de cinq paires de spires de nom contraire et d'égale vitesse, d'où émane la disposition par verticilles quinaires-alternes, dont la figure 4 donne la projection (751).

FIG. 11, 12, 13. — Tranches transversales d'une bulbe d'*Hyacinthus*, destinées à faire sentir, la filiation des emboîtemens qui la composent, et l'origine des racines (*rd*) (838).

PLANCHE II.

Cette planche, composée, à l'exception de la troisième, de figures idéales, a pour but de faire comprendre tous les genres d'illusion que la disposition des spires, dans le sein d'un cylindre, est capable de faire naitre au microscope.

FIG. 3. — Faisceau de spires obtenu isolément, par la macération prolongée dans l'eau pure, du tissu d'un entrenœud de *Cucumis sativus*; rouissage en miniature qui a dévoré les parois du cylindre, dans lequel était renfermée chacune de ces spires, dont la substance a résisté à la désorganisation (638).

Toutes les autres figures ayant été idéalement tracées pour servir à la démonstration, nous renvoyons le lecteur au § 640 et suivants, que nous serions forcés de transcrire ici, pour nous faire comprendre.

PLANCHE III (678).

FIG. 1. — Fragment d'épiderme de la page supérieure de la feuille de l'*Ipomœa coccinea*, grossi cent fois au microscope; (*a*) cellule opaque qui a l'air d'un stomate épuisé; (*ce*) cellule affaissée et aplatie en se vidant, ne se distinguant plus de ses congénères que par son pourtour vasculaire; (*st*) stomate ou glande aplatie sans être encore vide (686).

FIG. 2. — Fragment d'épiderme de la page inférieure de la feuille de la même plante, pour montrer la différence des contours des cellules vides (*ce*), et la différence apparente de structure des cellules glanduleuses ou stomates (*st*) (685).

FIG. 3. — Fragment d'épiderme de la page inférieure de la feuille du *Nerium Oleander*, grossi cent fois; c'est l'analyse des petits paquets floconneux (PL. XXI, fig. 2) que l'on remarque sur la page inférieure (β. fig. 10, PL. XXI). Ce sont des poils en crochet qui semblent tenir la place des stomates.

FIG. 4 et 7. — Fragment d'épiderme de la page inférieure du *Canna indica*, grossi cent fois. Les stomates (*st*) infiltrés d'air atmosphérique (fig. 7), s'affaissent (fig. 4), lorsqu'ils sont en contact avec le phosphore qui en absorbe l'oxigène (689).

Fig. 5. — Cellules (α) du tissu médullaire d'une tige de *Cucumis colocynthis* infiltrées d'air, et observées à un grossissement de 100 diamètres. — (β) Bulle d'air qui s'échappe d'une cellule déchirée sous l'eau (631).

Fig. 6. — Spire composée de six spires parallèles et agglutinées ensemble.

Fig. 7. *Voyez* fig. 4.

Fig. 8. — Fragment d'épiderme de la feuille d'Iris grossi cent fois (687).

PLANCHE IV.

Fig. 1. — Fragment vu à la loupe du pétiole de l'*Alisma plantago*, montrant les ouvertures béantes des grandes cellules longitudinales, qui simulent les loges d'un fruit (*l*), autour d'une columelle centrale (*md*) (541, 924).

Fig 2 — Tranche transversale vue à la loupe du pétiole d'un *Canna*, pour montrer la disposition des loges longitudinales (924 *bis*).

Fig. 4. — Tranche longitudinale du même pétiole, perpendiculaire à la face antérieure.

Fig. 5. — Tranche longitudinale et oblique du même pétiole.

Fig. 5. —Tranche longitudinale d'un fragment cellulaire du *Momordica elaterium*, destiné à montrer le passage de l'air par les interstices (*int*) (507). — (*ce*) cellules prismatiques; (α) interstices transversaux; (*int*) interstices longitudinaux; — (*mm*) membranes déchirées des parois. Le fragment était examiné sous une nappe d'eau, à un grossissement de 100 diamètres.

Fig. 6. — Fragment d'épiderme de la feuille de l'*Alisma plantago*, sur laquelle les stomates (*st*) prennent un caractère très illusoire.

Fig. 7. — Fragment d'épiderme de la page supérieure de la même feuille. Les deux figures sont grossies cent fois (679).

Fig. 8. — Fragment d'épiderme du *Sedum* grossi cent fois. Les stomates (*st*) s'y montrent en paquets de granulations (688).

PLANCHE V (500, 633, 1224).

Fig. 1. — (*gl*) Poil avorté ou rudimentaire, pris sur un fragment d'écorce d'une jeune branche de *Cucumis sativus*; vu obliquement et à un plus fort grossissement à la fig. 5 (1224).

Fig. 2. — Fragment d'une tranche transversale mince de la tige de la même plante, observé à un grossissement de cent fois. — (*va*) Paquets de vaisseaux dont la transparence a été obtenue à l'aide de l'acide acétique. — (*cc*) Cellules prismatiques et rangées comme des tuyaux d'orgue. — (*ep*) Couche épidermique. — (*x*) Globules qui adhèrent aux parois, et que la physiologie prenait pour des pores. — (*β*) Spires qui tapissent l'intérieur des cellules mêmes. — (*mm*) Parois des cellules déchirées (500).

FIG. 5. — Pile de cellules représentant leur disposition longitudinale, et les interstices (*int*) qui les dessinent (507).

FIG. 4. — Fragment de la paroi d'un gros cylindre vasculaire, tapissé de petits globules en cellules rudimentaires, que la physiologie académique prenait pour des pores (653).

PLANCHE VI (535, 839, 1041).

Les figures 1-6 sont destinées à démontrer le développement d'une simple glande en feuille (535). La figure 5 est grossie 100 fois, et représente un bourgeon axillaire de l'*Impatiens balsamina* encore à l'état rudimentaire, avec ses deux premières feuilles (*fi*) et sa glande gemmaire (*g*). — La figure 6 est prise sur un bourgeon plus développé, observé à un grossissement de 10 diamètres. La fig. 4 est prise à la loupe sur une feuille de deux millimètres de long. — Figure 3. Fragment inférieur d'une feuille de la même plante longue de 7 millimètres; il équivaut aux trois grandes nervures inférieures de l'un des lobes de la feuille fig. 4. — Figure 1. Fragment analogue pris sur une feuille de la même plante, longue déjà de 12 millimètres. On y voit le développement qu'ont déjà prises les cellules (α, β, γ, δ, ε, ι), ainsi que les stigmatules (*sy*). La figure 2 représente à la loupe les cellules (α, β, γ, δ, ε, ι) sur une feuille parvenue à son *summum* d'accroissement. Ces figures démontrent : 1° que ce n'est pas en s'ajoutant bout à bout que les organes s'accroissent; 2° que l'organisation des feuilles de la même plante a lieu d'après un type peu variable.

FIG. 7. — Bulbes ou gousses de l'*Oxalis violacea* (859).

FIG. 8. — Grains de fécule de ces bulbes, grossis 100 fois.

FIG. 9. — Articulation non grossie du *Passiflora alba*, parvenue à son développement complet. — (*fi*) feuille. — (*sti*) stipules. — (*fi*) feuille. — (*ci*) vrille. — (*g*) gemme. — (*cl*) tige.

FIG. 10. — Les mêmes organes vus à la loupe, sur une articulation encore emprisonnée dans la préfoliation. Les mêmes lettres indiquent les mêmes organes; la feuille (*fi*) a été retranchée, parce qu'à cet âge elle cache les organes qu'il nous importait de faire voir.

PLANCHE VII ET VIII (56 et suiv.)

Ces deux planches renferment les formes générales, auxquelles on peut rapporter les formes spéciales des feuilles de toutes les plantes connues. Les § 56 et suivans en donnent les définitions et la nomenclature.

Pl. VII, fig. 1.—Feuille spatulée.—2. Ovale obtuse.—3. Oblongue.—4. Elliptique. — 5. Acuminée. — 6. Cordiforme acuminée. — 7. Pétiolée. — 8. Obcordiforme. — 9. Sagittée obtuse. — 9ᵇ. Hastée. — 10. Arrondie, cordiforme, subpeltée. — 11. Ovale, aiguë, inégale, dentée en scie. — 12. Suborbiculaire, acuminée. — 13. Orbiculaire, peltée, crénelée. — 14. Lunulée, crénelée, pétiolée. — 15. Triangulaire, échancrée à la base, pétiolée. — 16. En cornet. — 17. Profondément sagittée. — 18. Lancéolée, aiguë, pétiolée, denticulée. — 19. Linéaire aiguë. — 20,22. Aciculaire, en faisceau de quatre et de deux. — 21. Subulée. — 24. Linéaire, aiguë, bilobée à la base. — 23. Verticille de feuilles linéaires. — 26. Trapéziforme, rongée, cartilagineuse.—27. Triangulaire, denticulée.— 28. Lancéolée, bilobée à la base, acuminée au sommet, doublement dentée. — 29. Cartilagineuse, oblongue, rétuse. — 30. Entière, aiguë, perfoliée.—31. Cunéiforme, tronquée, dentée au sommet. 32.—Bilobée, en cornet, crénelée. — 33. Parabolique, inégale, sinueuse, rétuse. — 34. Lancéolée. —35. Ovale, acuminée, toutes les deux bullées. — 36. Ovale, accuminée, ondulée. — 37. Cunéiforme, trifide. — 38. Parabolique, rétuse, mucronée. — 39. Fortement mucronée.—40. Lancéolée, dentée, trinerviée.—41. Ovale, acuminée, en cornet, synnerviée. — 42. Peltée, palmée, crépue. — 43. Carinée, épineuse. — 44. Réniforme, entière, pétiolée, rétuse. — 45. Lancéolée, entière, trinerviée, velue. — 46. Ondulée, lancéolée, épineuse sur la nervure médiane. — 47. Trilobée à lobe médian subtronqué. — 48. Pinnatifide, mordue. — 49. Bilobée, cordiforme, obcordiforme, mucronée. — 50, 51, 52. Bilobée, ailée, à ailes plus ou moins divergentes, et formant un angle de tant ou tant de degrés. — 53. Palmée, dentée en scie, à divisions aiguës. — 54. Quinquelobée, à divisions ovales acuminées. — 55. Tripartite, à divisions lancéolées aiguës.— 56. Trilobée peu profondément au sommet, à division médiane acuminée. — 57. Trilobée ou plutôt trifide, à divisions ovales acuminées.— 58. Pédalée, à folioles lancéolées aiguës, dentées. — 59. Novempartite, subdécempartite, à divisions profondément dentées, aiguës et piquantes. — 60. Subseptempartite, à divisions obtuses, déchirées. — 61. Linéaire, obtuse uninerviée, crénelée sur les bords, asymétrique. — 62. Lyrée. — 63. Panduriforme. — 64. Lancéolée, denticulée, auriculée, asymétrique.

Pl. VIII, fig. 65. Composito-partite, à folioles lancéolées aiguës, uninerviées. — 66. Ternée, à folioles obcordiformes. — 67. Trifoliolée à folioles linéaires, légèrement sinueuses.—68. Trifoliolée à folioles subcordiformes aiguës. — 69. Quaternée, à folioles arrondies cunéiformes.—70. Binée. — 71. Paripennée sexjuguée, à folioles lancéolées, dinerveuses. —72. Quinée. — 73. Tergéminée. —74. Bigéminée. —75. Septernée. — 76. Pennatipartite. — 77. Impari-alterni-auricolo-pennée. —

78. Penno-géminée, à folioles arrondies, obtuses, uninerviées.—**99.** Impari-alternipennée, à folioles sessiles lancéolées, dentées, s'élargissant en approchant du sommet.—**80.** Multijuguée, à folioles ovoïdes, vésiculeuses, petites, courtement pédonculées. —**81.** Triternée, à folioles cordiformes, entières.—**82.** Grasse, comprimée, spatulée, acuminée.—**83.** Grasse, conique.—**84.** Grasse, deltoïde ou triquètre.—**85.** Grasse, déprimée.—**86.** Bipennée, à folioles sessiles entières, oblongues.—**87.** Feuille, à limbe (*lm*) lancéolé, aigu, pétiolée (*pi*)—engaînante (*vg*). —**88.** Grasse, semi-cylindrique.— **89.** Canaliculée, linéaire.— **90.** Grasse, linguiforme.— **91.** Grasse carinée, dentée, épineuse. — **92.** Graminiforme, c'est-à-dire à limbe (*lm*) linéaire, réfléchi, inséré sur une longue gaîne (*vg*), marquée, au point de jonction, par une membrane entière ou décomposée, qu'on nomme ligule (*li*).—**93.** Linéaire, lancéolée, aiguë, denticulée, olonerveuse. — **94.** Cordiforme, aiguë, entière, novemnerviée. — **95.** Cordiforme, obtuse, arrondie, quinquenerviée. —**96.** Grasse, dolabriforme. — **97.** Suborbiculaire, subcordiforme, crénelée, septemnervoveineuse. — **98.** Lancéolée, aiguë, uninerviée, veineuse, bordée de glandes bi-épineuses. — **101.** Ovale, lancéolée, aiguë, octonerveuse, entière, glandulociliée. — **102.** Ovale lancéolée, dentée, quinquenerviée, rugueuse. — **103.** Spatulée, asymétrique. —**104.** Trilobée, asymétrique. — **105.** Bilobée, asymétrique, — **106.** Entière, émarginée, fenestrée, dont le réseau vasculaire survit à la décomposition du parenchyme (*Hydrogeton fenestralis*).—**107.** Disposition de la gemme axillaire (*g*), c'est-à-dire, placée dans l'aisselle que forme le pétiole de la feuille (*pi*), en s'insérant sur la tige — **108.** Asymétriquement rongée. — **109.** A limbe quadrangulaire mordu, à pétiole renflé (*pi*). — **110.** Cordiforme sagittée, rongée, uninerviée. — **111.** Spatulée, cunéiforme. — **112.** Cunéiforme, arrondie, entière. — **113.** Ovale, aiguë, dentée, alterninerveuse, asymétrique. — **114.** Stipules (*α*) perfoliées, vrille axillaire (*ci*). — **115.** Opposées embrassantes.

N. B. Nous nous sommes attaché à rassembler, sur ces deux planches, toutes les formes de feuilles, qui ont servi de base à la nomenclature, depuis Linné jusqu'à nos jours ; c'était le meilleur moyen de faire comprendre les modifications que nous avons apportées à la nomenclature.

PLANCHE IX (57, 70, 527, 540).

Les quinze premières figures ont été empruntées à la *Philosophie* de Linné ; elles se rapportent principalement au § 70, qui traite de la préfoliation.

Fig. 1. — Tranche transversale d'une feuille *roulée en cornet* dans la préfoliation.

Fig. 2. — Tranche transversale d'une feuille *roulée en dedans*.

Fig. 3. — Tranche transversale d'une feuille *roulée en dehors*.

Fig. 4. — Tranche transversale d'une feuille *ployée en dedans*.

Fig. 5. — Tranche transversale d'une feuille *ployée en dehors* (57).

Fig. 6. — Tranche transversale d'un faisceau de feuilles *équitantes*.

F**IG**. 7. — Tranche transversale d'un faisceau de feuilles *quadratequitantes* (70).

F**IG**. 8. — Tranche transversale d'une feuille *chiffonnée* (57).

F**IG**. 9. — Tranche transversale d'un faisceau de feuilles *trigonequitantes*

F**IG**. 10. — Tranche transversale d'un faisceau de feuilles *engrenées*.

F**IG**. 11. — Tranche transversale d'un faisceau de feuilles *imbriquantes*.

F**IG**. 12. — Tranche transversale d'un faisceau de feuilles *convolutées*.

F**IG**. 13. — Tranche transversale d'un faisceau de feuilles *oppositinfléchies*.

F**IG**. 14. — Tranche transversale d'un faisceau de feuilles *oppositoréfléchies*.

F**IG**. 15. — Tranche transversale d'un faisceau de feuilles *alterninfléchies* (70).

F**IG**. 16. — Figure idéale servant à la démonstration du développement de la feuille (527).

F**IG**. 17. — Figure idéale servant à la démonstration du développement et de la structure des divers troncs (540).

PLANCHE X (330, 368, 375, 343, 418, 449)

F**IG**. 1. — Tranche longitudinale d'une hampe d'Iris (*cl*), pour montrer le mode d'empâtement du rameau (*rm*), par sa base radiculaire (*rc*), dans l'aisselle de la feuille, dont on voit le fragment en (*fi*), (368).

F**IG**. 2. Tranche longitudinale de la partie inférieure d'une tige de Maïs. — (*fi*) fragment de feuilles caduques. — (*no*) articulation. — (*rd*) fragmens des racines (375).

F**IG**. 3. — Le même fragment de tige, pour montrer l'origine des verticilles alternes de racines. — (*α*) gemmes de racines. — (*β*) gaine perforée des racines. — (*fi*) fragmens des feuilles. — (*rd*) racines développées (343).

F**IG**. 4. — Tranche longitudinale d'une jeune tige de Maïs, à l'âge le plus tendre, pour en montrer les analogies avec la plumule de la graine. — (*α*) moelle analogue de la chalaze des graines. — (*fi*) fragmens de feuilles développées. — (*pm*) feuilles closes et emboîtées, analogues de la plumule. — (*rc*) articulation empâtée sur la tige, analogue de la radiculode. — (*g*) gemme analogue d'un embryon non encore développé (368, 448).

F**IG**. 5. — Tranche longitudinale d'une articulation de la panicule du *Poa aquatica* (*Melica* Nob.), sur laquelle on trouve les mêmes pièces que sur toutes les articulations caulinaires de la même plante. — (*ino*) section des entrenœuds inférieurs et supérieurs à l'articulation (*no*). — (*fl*) follicule rudimentaire, qui représente la feuille. — (*md*) moelle oblitérée. — (*pm*) plumule de la gemme emprisonnée dans le sein d'un rameau. — (*rc*) radicule de la même gemme (330).

Fig. 6. — Analyse de la fleur femelle du *Carex glauca*. — (*pe* α) follicule, analogue de la paillette inférieure d'un épillet de Graminacée. — (*pe* β) follicule clos, perforé seulement au sommet, binervié, analogue de la paillette bicarinée des Graminacées. Nous l'avons représenté éventré, dans le but de montrer, dans son sein, le pistil (*o*) qui le perfore, pour amener au jour ses trois stigmates épars (*si*) (449).

Fig. 7. — Sommité d'épi femelle de la même plante, montrant que la continuation de la tige (*ra*) est juste à la place de la nervure médiane, qui manque à la paillette close et perforée au sommet (*pe* β). — (*lc*) analogue de la locuste des Graminacées; sommité non développée de l'épillet.

Fig. 8. — Analyse de l'épillet mâle de la même espèce. — (*pe* α) follicule détaché de l'articulation, sur laquelle s'insèrent les trois étamines (*f, an*) (1915).

Fig. 9. — Embryons pris dans divers grains à demi ergotés d'Orge; montrant les diverses déviations de ses organes, et surtout l'isolement du corps cotylédonnaire (*cy*), contre lequel le reste de l'embryon semble attaché, comme par une chalaze. — (*rc*) tubercules radiculaires. — La troisième figure de gauche à droite offre une tranche longitudinale, d'arrière en avant, sur laquelle on distingue aisément deux radiculodes (468).

Fig. 10. — Fragment de locuste de Graminacée, destinée à faire voir que la paillette inférieure (*pe* α) s'insère sur le pédoncule (*pd*), par une vraie articulation (*no*), comme la feuille du chaume (293).

PLANCHE XI.

Fig. 1. — Quart de tranche transversale d'une jeune tige de Pêcher, à la hauteur du bourgeon axillaire (*g*). — (*fi*) bord qui correspond à la feuille. — (*ne*) deux nervures qui passent dans le pétiole de la feuille, de chaque côté du bourgeon. — (*ep*) épiderme. — (*ct*) couche qui doit devenir écorce. — (*ab*) couche qui commence à devenir aubier. — (*lg*) bois. — (*md*) moelle centrale.

Fig. 3. — Tranche transversale, complète, de la même tige prise à une certaine distance du bourgeon.—(*fi*) trace de la feuille. — (*ep*) épiderme. — (*ct*) écorce encore verte. — (*ab*) zone formée par les portions externes des loges rayonnantes, dont les interstices prennent le nom impropre de rayons médullaires; cette zone en se développant de plus en plus formera l'aubier. — (*lg*) zone beaucoup plus considérable formée par la plus grande longueur des loges rayonnantes, et qui, en se développant, prendra la consistance et le nom de bois. — (*md*) canal central et médullaire, sur lequel s'insèrent les loges ligneuses, comme les loges d'un fruit sur la columelle (552, 897).

Fig. 2. — Gemmation florale épanouie du Cerisier, offrant l'analogie la plus complète avec une fleur à cinq pétales trilobés, qui en se soudant seraient dans le cas de former un calice à dix sépales inégaux par les stipules, et cinq pétales par les limbes rudimentaires des feuilles. Les trois véritables fleurs qui en sortent (*pd*), en transformant leurs corolles en organes polliniques, fourniraient trois étamines, qui se complèteraient en spirale, par la continuation du développement qui reste stationnaire, dans le sein de cette fleur gemmaire. Chacun des pédoncules émane de l'aisselle d'une petite stipule ou follicule (*sti*) (1055).

Fig. 4 et 5. — *Bourgeon à bois* du Pêcher. — (*cc*) empreinte que laisse sur la tige le pétiole de la feuille à sa chute (1017, 1055). Les figures 4-6 de la pl. 12 représente les bourgeons à fruit de la même espèce.

Fig. 6. — *Bourgeon à fruit* du pêcher (*g*), isolé dans l'aisselle de la feuille dont on voit la cicatricule (*cc*) (*ibid*). La figure 9 représente cette cicatricule beaucoup plus grossie.

Fig. 7 et 8. — Foliation du *Ficus rubiginosa*. Sur la figure 7, la gemme (*g*) est emprisonnée dans les deux stipules (*sti*), qui sont développées sur la figure 8, pour montrer la continuation de la tige (*g* β) avec sa feuille (*fi*), et ses trois bourgeons axillaires (*ge* α, *g*, *g*) par rapport à sa propre feuille (*fi*). Les deux stipules recélaient, dans cette sommité de rameau, tout cet appareil compliqué, comme un ovaire bivalve recèle ses ovules (509). On voit qu'ici la feuille (*fi*) est externe, par rapport à ses stipules, tandis que, chez les Amentacées, elle est incluse et recouverte par elles (1053).

PLANCHE XII (1053).

Caractères des bourgeons à feuilles et des bourgeons à fleurs des arbres fruitiers.

Fig. 1. — Les *Bourgeons à bois* du Cerisier sont grêles, distans entre eux dans leur disposition en spirale.

Fig. 6. — Les *bourgeons à fleurs* du même arbre, au contraire, sont turgescens, rapprochés dans leur disposition en spirale, par le peu de développement qu'a pris l'entrenœud qui les supporte, au sortir des follicules gemmaires (*fl*) qui les recélaient avant leur chute, et dont on voit les cicatricules, en stries transversales à la base de chaque rameau. Sur la branche à droite de cette tige, on voit que les bourgeons ayant avorté, l'entrenœud a pris un développement d'autant plus considérable. Les rameaux chargés de bourgeons à fleurs prennent le nom de *bourse* en horticulture. — (*cc*) Cicatricule vue à la loupe.

Fig. 2. — Branche à *bourgeons à bois* du Prunier, avec sa cicatricule grossie à la loupe (*cc*).

Fig. 5. — Branche *à bourgeons à fruit* du même, rapprochés en une *bourse*, par le peu de développement qu'a pris l'entrenœud, au sortir de ses follicules gemmaires, dont on voit la trace en (*fl*). — (*cc*) cicatricule de la feuille tombée, grossie à la loupe.

Fig. 3, 4. — *Bourgeons à fruit* (*g*) du Pêcher, formant une bourse de trois, qui semblent axillaires, par rapport à la feuille qui a laissé, sur la tige, la cicatricule (*cc*), quoique pourtant chacun d'eux soit né dans l'aisselle d'un follicule spécial (*cc'*). La figure 4, pl. xi représente un *bourgeon à bois* de la même espèce, et la figure 6, un *bourgeon à fruit* isolé ou plutôt distant de ses congénères.

PLANCHE XIII.

Fig. 1. — Bourgeons à fleurs mâles, c'est-à-dire à chatons mâles (*g*) du Peuplier, commençant à s'ouvrir et à opérer leur déhiscence. Leurs follicules ligneux et caduques sont presque alternes et au nombre de cinq, dont quatre seulement (1, 2, 3, 4) visibles au-dehors. Le bourgeon terminal, ou bien est frappé de stérilité, ou n'opère sa déhiscence que plus tard. Au-dessus des follicules valvaires et caduques, viennent les follicules membraneux, stigmatiformes (fig. 4, 6), dans l'aisselle desquels se trouve la cupule staminifère (*co* fig. 2, 3). sur laquelle les étamines s'insèrent, comme le montre la fig. 7.—Fig. 8, grains de pollen grossis cent fois. Les chatons femelles ne diffèrent qu'en ce que le pistil se trouve à la place de la cupule staminifère (1913).

Fig. 5. — (*cc*) Cicatricule de la feuille tombée. — (α) Place sur laquelle s'insère le bourgeon. — (β) Canal formé par la compression du bourgeon, et qui, si la sommité de rameau qui continue la tige s'était arrêtée au développement d'une feuille, aurait formé la fausse gaîne du pétiole (1022).

PLANCHE XIV.

Fig. 1, 2, 3. — Bourgeons et cicatricules du Saule. La figure 3 montre les mêmes pièces que la figure 5 de la planche XIII.

Fig. 4, 13. — Analyse des principaux organes de la fleur du *Caltha palustris* (1927). La figure 5 a été obtenue, après avoir enlevé les pétales, dont on voit la trace (*pa*), sur le pédoncule (*pd*); ensuite les étamines, dont les empreintes restées sur la surface du petit entrenœud (*sm*), marquent la disposition en spirale. Ce chaton est couronné par les pistils droits, parce qu'ils sont jeunes, qui s'étaleront en étoile en mûrissant, comme chez les Crassulacées (pl. lv, fig. 13, 15). —La figure 12 montre un de ces pistils un peu grossi, pour en rendre le stigmate (*si*) plus visible; ce stigmate est jaunâtre. — Sur la figure 4, le fruit a été ouvert par devant, pour offrir aux regards le mode d'insertion en deux rangs, des ovules (*ov*), sur le placenta dorsal qui commence à opérer sa déhiscence. Les deux battans (*vl*) ne sont que deux valves artificielles; car le fruit, d'après la définition, est univalve et à une seule suture. On y distingue un épiderme (*ep*) qui se détache, au moindre effort, de la surface externe, et que l'on pourrait considérer comme un ectocarpe. — Fig. 13. Ovule grossi (*ov*), avec son funicule (*fn*), qui se prolonge tout autour de la panse, de la même manière que le funicule des *sporanges* des Fougères (pl. lvii, fig. 8) se prolonge autour de l'organe. — Fig. 11. Étamine jeune, grossie à la loupe. — Fig. 10. La même plus grossie, pour montrer le vaisseau qui traverse le filament (*f*), et vient aboutir à l'extrémité des deux *theca* (*th*). — Fig. 9. La même à l'époque de la fécondation, ouvrant son *theca* (*th*) en deux valves, par la suture latérale. — Fig. 6. Pollen observé à sec par réfraction ; il imite les bulles d'air dans l'eau. — Fig. 7. Le même se desséchant. — Fig. 8. Le même vu dans l'eau, et acquérant une grande transparence, par l'analogie du pouvoir réfringent de ses tissus avec celui de l'eau.

Fig. 14. — Graine de Rubiacée vue à la loupe par le hile (*h*). — Fig. 16. La même vue à la loupe par sa surface externe et arrondie. — Fig. 15. La même vue sur une tranche transversale, et offrant le hile (*h*). le test (*tt*), le périsperme corné (*al*), l'embryon recourbé, à deux cotylédons planes, inégaux (*cy*), et dont la radicule est placée de telle sorte, que, lorsque la fleur est dirigée vers le ciel, la radicule (*rc*) pointe vers la terre (1151, 1972).

PLANCHE XV.

Fig. 1.—Appareil articulaire d'un chaume traçant de Graminacées, avec son follicule (*fl*) à demi détaché ; un fragment de chaume (*cl*) qui part de la même articulation (*no*) que le follicule, et qui a été fendu longitudinalement, pour montrer l'organisation de la gemme axillaire, dans laquelle on remarque une plumule ascendante (*pm*) et une radicule descendante (*rc*).

Fig. 2. — Dissection idéale de l'embryon de la même famille, sur laquelle on retrouve les mêmes pièces que sur l'articulation caulinaire. Le test (*tt*) et le périsperme (*al*) étant considérés comme les analogues du follicule, le cotylédon (*cy*) devient l'analogue du chaume (*cl*), et la plumule (*pm*) avec sa radiculode (*α,rc*) l'analogue de la gemme axillaire. — (*sti* 2) feuille parinerviée, d'abord close, que la plumule perfore en se développant, et qui existe tout aussi bien sur la gemme caulinaire. — (*α*) Fragment de la radiculode, que les botanistes avaient pris pour un second cotylédon. — (*rd*) radicule qui déchire la radiculode, et se fait jour au-dehors. — (*β*) cavité dans laquelle se logeait la gemme embryonnaire, et que l'on retrouve à la base de tous les entrenœuds, contre lesquels s'adosse un bourgeon.

Fig. 3. — Sommité d'une locuste ou épillet de *Festuca*, sur laquelle on retrouve les mêmes pièces que sur les articulations embryonnaires (fig. 2) et caulinaires (fig. 1). — (*no*) articulation (pl. X, fig. 10) qu'engaîne la paillette inférieure (*pe α*) analogue du follicule (*fl.*, fig. 1). Nous avons l'analogue du chaume (*cl*, fig. 1) dans le pédoncule (*pd*) qui continue la locuste et que termine une fleur rudimentaire (*fs*) ; la feuille binerviée (*pe β*), qui primitivement enveloppait tous les appareils supérieurs, dont le premier se transforme en trois étamines et deux écailles (*an* et fig. 8), et le suivant en plumule close ou ovaire (*o*), sur le sommet duquel se développent les stigmates (*si*). Si l'appareil staminifère avait pris le développement foliacé, ainsi que les divers appareils emboîtés dans l'ovaire, on aurait eu une locuste vivipare (fig. 4). (293, 562).

FIG. 5. — Déviation de l'écaille (*sq*) en étamine (*an*), dont un *theca* a avorté ; prise sur la fleur du Riz (594), qui, à l'état normal, possède six étamines (*sm*) et deux écailles entières.

FIG. 8. — Appareil staminifère jeune du froment, plongé dans une goutte d'iode, qui colore en bleu toute l'anthère (*an*) et la sommité (α) de chaque écaille (*sq*), et en jaune le filament de chaque étamine (*f*), ainsi que tout le reste de la panse des écailles et leurs poils. On a retranché l'anthère à deux des trois étamines (*f*) (392).

FIG. 9. — Une de ces écailles, d'abord grasses et épaisses, ayant perdu, après la fécondation, et son épaisseur, et la faculté de se colorer en bleu au sommet par l'iode. Elle est vue à un grossissement assez fort et à l'état frais.

FIG. 7 et 10. — *Lemna trisulca* vue à la loupe et dessinée au simple trait. Cette plante, qui couvre la surface des eaux stagnantes de son indéfini développement, réduite à sa plus simple expression, est une simple feuille (fig. 7) divisée par une nervure médiane, et dont les deux lobes (β) deviennent deux loges uniovulées; l'ovule (α) émanant de la nervure médiane, comme d'un placenta, et se transformant en feuille (fig. 10), ou en fleur unisexuelle (1901).

FIG. 11. — Sommité d'un *Lolium*, devenu rameux, par le développement de ses glumes en rachis (*ra*), et acquérant deux glumes (*gm* α et β) à la locuste terminale (*lc*), par l'avortement de la glume qui devait devenir *rachis*. — (*no*) articulation. — (*fl*) place de la tache qui représente le follicule avorté (523, 1748).

FIG. 12. — Portion inférieure de l'épi de Froment. — (*ra*) rachis. — (*fl*) follicule en collerette, ou feuille dégénérée en follicule. — (*ino*) entrenœud. — (*lc*) locustes bilatérales. — (*gm*) l'une des deux glumes grossies (325, 1729).

FIG. 13. — Sommité d'*Egylops*, qui ne diffère du *Triticum* que par le nombre des nervures qui se prolongent en arêtes sur la glume (*gm*); les arêtes sont coupées à une certaine hauteur (*id id*).

FIG. 14. — Panicule (*pn*) du *Festuca elatior*, qui provient du *Festuca loliacea*, laquelle espèce provient du *Lolium* (1718). — (*fl*) follicule souvent très développé à la base des rameaux (1720). Les fig. 15, pl. XVI, donnent les analyses de ces diverses fleurs.

FIG. 15. — Paillette inférieure (*pa*) de l'*Aira canescens*, avec son arête, qui n'est qu'un pédoncule (α), surmonté d'une fleur rudimentaire (γ), qu'entoure à sa base un follicule en collerette (β) (285, 1605).

PLANCHE XVI.

Fig. 1. — Ovaire de froment avant la fécondation, vu de face à la loupe. Les deux stigmates (*si*) ne se sont pas encore étalés. — L'articulation (*no*), sur laquelle s'insèrent les stigmates, est hérissée de poils; la face antérieure du péricarpe offre trois cannelures.

Fig. 2. — Tranche longitudinale, et d'arrière en avant du même ovaire. (*α*) ectocarpe blanc, épais, infiltré de fécule. — (*ββ*). endocarpe vert qui tapisse tout l'intérieur de la loge. — (*ne*) nervure longitudinale servant de *placenta* à l'ovule, qui s'insère sur toute sa longueur, quoique l'adhérence vasculaire n'ait lieu qu'au sommet (*fn*). — (*si*) stigmates étalés et commençant à se faner; on les voit descendre à droite et à gauche dans la substance du péricarpe.

Fig. 3. — Ovaire non fécondé de Froment, ouvert par une tranche longitudinale qui ménage l'ovule, après avoir été déposé quelques instans dans une solution alcoolique d'iode. Tout l'ectocarpe épais (*α*) est fortement coloré en bleu, il est féculent. L'endocarpe (*β*), auparavant vert, est jaune verdâtre. La nervure placentaire est jaune, ainsi que le périsperme (*al*), au bas duquel se distingue la place où doit naître l'embryon (*e*). A cette époque, la fécule n'existe pas encore dans le sein du périsperme.

Fig. 4. — Ovaire de la même plante, analysé long-temps après la fécondation. L'ectocarpe (*α*) a déjà perdu sa fécule et l'épaisseur de sa substance; l'endocarpe (*β*), toujours verdâtre, se détache facilement de l'ectocarpe, et conserve pourtant encore quelques brides d'adhérence. Le périsperme (*al*) est déjà rempli de fécule; à sa base (*e*) est déjà tout formé l'embryon que les figures 5 et 6 représentent à l'âge le plus tendre. Dans la figure 6 on voit poindre la plumule (*pm*), qui n'a pas encore perforé le sac embryonnaire. Dans la figure 5, la perforation a déjà eu lieu (*α*). — (*cy*) cotylédon qui n'est pas encore tout-à-fait formé. — (*rc*) radicule (427, 457).

Fig. 7. — Graine mûre de Maïs coupée verticalement et d'arrière en avant, pour laisser voir le péricarpe (*pp*) mince et peu infiltré; le périsperme (*al*) farineux et adhérant au péricarpe par une vaste chalaze; l'embryon (*e*) adhérant organiquement au périsperme par la base où l'on trouve la trace du cordon ombilical (*cho*), et par simple contact à la paroi antérieure du périsperme.

Fig. 8. — Embryon isolément analysé, et coupé verticalement d'arrière en avant. — (*cy*) cotylédon ou plutôt faux périsperme, auquel adhère l'embryon à la hauteur (*no*), et que la plumule (*pm*) a perforé à la hauteur (*α*). — (*cho*) cordon ombilical ou plutôt chalaze de ce faux périsperme, point par lequel il adhère au périsperme féculent. — (*rc*) emboîtement descendant et radiculaire.

Fig. 9. — Tranche mince, prise sur la surface de la tranche précédente, pour rendre plus sensible l'insertion vasculaire du vrai embryon (*no, rc*), sur le point (*β*) de cette poche. On voit le vaisseau, qui joue le rôle de funicule, se distribuer en haut et en bas, dans la substance de la poche périspermatique et faussement cotylédonaire (460).

Fɪɢ. 10. — Tranche transversale prise à la hauteur (*no*) de l'embryon (fig. 8), pour faire voir les rapports de position de la nervure (*α*), qui traverse le cotylédon, avec les deux nervures (*β*), qui doivent s'en détacher, pour passer toutes les deux dans la substance de la feuille parinerviée.

Fɪɢ. 11. — Tranche transversale, prise au-dessus du point (*no*) de l'embryon, fig. 8. On trouve que les deux nervures (*ββ*) de la tranche 10, ont passé dans la substance de l'emboîtement, qui constitue la première feuille, la feuille parinerviée. (367, 463).

Fɪɢ. 12. — Tranches longitudinales successives du même embryon de Maïs, prises soit en commençant par la portion dorsale et cotylédonaire (A,B), soit par la portion antérieure (A',B',C',D'), et dans les deux cas de dehors en dedans; elles offrent les emboîtemens dont se compose l'embryon (466).

Fɪɢ. 13. — Analyse comparative de la fleur du *Festuca loliacea* (A,B,C,D), et du *Festuca elatior* (A',B',C',D'), dont la pl. xv représente le panicule, pour montrer que, chez ces deux formes, les organes du même nom ne diffèrent que par les dimensions. — (*α,β*) deux formes habituelles de la feuille parinerviée, que l'on trouve adossée contre le rachis des *Lolium*, rachis qui n'est qu'une déviation de leur nervure médiane. — (*gm α*) glume inférieure. — (*gm β*) glume supérieure ou suivante, alterne avec celle-ci. — (*pe α*) paillette inférieure pédonculée, quand elle part de la base dorsale d'une paillette parinerviée; sessile, et alterne avec la glume supérieure, sur la première des fleurs de la locuste. — (*pe β*) paillette parinerviée, de la base dorsale de laquelle s'élève le pédoncule de la fleur suivante, qui est pris aux dépens de sa nervure médiane (1718).

PLANCHE XVII.

Fɪɢ. 1.— Articulation de l'épi mâle du Maïs. — (*ra*) rachis. — (*lc.m*) deux locustes mâles inégalement pédonculées, dont les figures 5 et 6 donnent l'analyse. — (*gm α*) glume inférieure à sept nervures. — (*gm β*) glume supérieure à cinq nervures, ce qui est le contraire chez les vraies panicules. — (*pα*) paillette inférieure, membraneuse, uninerviée. — (*pe β*) paillette supérieure binerviée, membraneuse, de la base dorsale de laquelle croit une seconde fleur, organisée et sessile comme elle, renfermant comme elle un appareil de trois étamines et de deux écailles. L'ovaire reste à l'état rudimentaire. La figure 6 représente les rapports de ces paillettes, entre elles, et avec leur appareil staminifère.

Fɪɢ. 2. — Sommité de l'épi femelle de la même plante. Sur chaque empreinte du rachis (*ra*), repose une double locuste femelle, c'est-à-dire deux locustes, dont les glumes inférieures (fig. 5, *gm*α) sont soudées à la base et semblent n'en faire qu'une bilobée ; en face de chacune de ces deux moitiés, et adossée contre le rachis, vient la glume supérieure (fig. 4, *gm* β) ; et, dans l'aisselle de celle-ci, se trouvent les deux fleurs à paillettes membraneuses (*pe* α et *pe* β), dont l'une reste stérile (*fs. s.*); et l'autre, privée d'étamine, donne naissance à un pistil surmonté d'un long style (*sy*), qui se change en graine nue (fig. 11). La figure 7′ représente le même pistil, à l'âge très jeune. — (*o*) ovaire. — (*sy*) style n'ayant encore aucune fibrille stigmatique (1723).

Fig. 8. — Sommité d'un épi anormal de *Zea maïs*, qui s'est organisé sur le type du *Sorghum* (fig. 17). L'articulation supporte deux fleurs, l'une fertile, pédonculée (*pd*), femelle, à glumes scarieuses (*gm*) et beaucoup plus courtes que la graine (*o*), qui par sa forme et l'insertion de son style (*sy*), a toutes les allures de la graine du *Sorghum* (fig. 17); l'autre sessile, stérile (*lc.s*); la troisième (*lc*) continue la tige. Cette sommité était incluse (*pu*), dans l'appareil de follicules vivipares (fig. 9), dont les deux plus inférieures faisaient l'office de glumes (*gm*), et les deux suivans (*fsm*) renfermaient chacun une fleur mâle.

Fig. 10. — Appareil mâle dévié, trouvé dans l'une de ces fleurs. — (*sq*) les deux écailles normales. — (*f*) les trois filamens. — (*fl*) follicule anormal qui semble une déviation d'une quatrième étamine.

Fig. 12. — Différentes formes d'ovules et de graines du même individu, s'allongeant comme les graines des autres Graminacées, et dont quelques uns étaient accompagnés d'un appareil plus ou moins complet d'étamines (*sm*). (*e*) — Embryon.

Fig. 15′. — Jeune ovule pris dans le même individu et possédant deux écailles (*sq*), qui manquent toujours à l'ovule du Maïs cultivé, ainsi qu'un petit staminule (*sl*).

Fig. 13. — Le même ouvert, pour en montrer la frappante analogie avec un ovule (fig. 16) du même âge, pris sur le *Sorghum*. — (α) espèce de nectaire, ou articulation largement développée. — (*al*) périsperme. — (*pp*) péricarpe. — (*sy*) commencement du style. — Sur la fig. 16, les mêmes lettres marquent les mêmes organes.

Fig. 13. — Locuste mâle du même individu, affectant, sur ses glumes, les formes caractéristiques des glumes des fleurs femelles du Maïs cultivé (fig. 4).

Fig. 14. — Une de ses glumes, dont les nervures s'anastomosent en réseau, comme sur les feuilles des plantes dites dicotylédones (1007).

Fig. 15. — Bout d'épi de *Sorghum* parvenu à sa maturité, pour en montrer l'analogie avec le Maïs, dont les figures 8-15 offrent une curieuse déviation. Chaque articulation du *Sorghum* porte trois pièces, une sessile (β) qui est une locuste fertile, et deux latérales (αα), dont l'une restera stérile, et l'autre doit continuer la tige. La locuste fertile se compose d'une glume inférieure à quinze nervures, d'une glume supérieure à neuf nervures, d'une paillette membraneuse alterne avec celle ci et avec la paillette inférieure de la fleur fertile, qui, ainsi que la paillette supérieure est membraneuse et anerviée. L'appareil mâle est formé de trois étamines, de deux écailles tronquées, épaisses au sommet et ciliées. Le pistil est à deux styles surmontés d'un stigmate épars, en pompon purpurin ; il devient une grosse graine nue (*gr*), qui conserve au sommet les traces des deux styles en forme de mamelons (*sy*). Toutes les figures précédentes se rapportent au § 1725 et suiv.

PLANCHE XVIII.

FIG. 1. — Tranches transversales prises sur une jeune tige de Maïs en germination, aux diverses hauteurs marquées par les mêmes lettres sur la figure 4 (α, β, γ, δ, ι) (374). — (*ne*) nervures de la feuille parinerviée, dont on retrouve des traces au-dessous de l'articulation (δ). — (*g*) bourgeons qui commencent à se former à la hauteur (δ). — (*no2*) feuille binerviée, que la plumule commence à perforer par ses limbes naissans (*lm*). — (*ino*) faux entrenœud qui n'est qu'une articulation plus développée qu'à l'ordinaire, dans le sens de la longueur. — (*rc*) radicule. — (*rd*) racines articulaires. — (*gr*) corps de la graine d'où est sorti tout cet appareil.

FIG. 2. — *Poa annua* à peine débarrassé des enveloppes de la graine. — (*vg*) gaine de la feuille qui termine l'entrenœud sorti de la base dorsale de la feuille parinerviée (*fiβ*). — (*lm*) limbe amputé qui continue la gaine. — (*g*) jeune bourgeon. — (β) plumule de ce bourgeon. — (*rd*) racines articulaires (304).

FIG. 3. — Analyse détaillée d'un *Panicum setaria*. — (*lc*) locuste entière, entourée à la base de deux des arêtes qui hérissent le rachis, et qui ne sont que des pédoncules avortés. Elle se compose 1° de deux glumes inégales (*gm* α et *gm* β) : l'inférieure, à trois nervures, est plus courte que la supérieure qui possède sept nervures ; 2° de deux fleurs dont l'inférieure ne renferme que les organes mâles, par l'avortement de l'appareil femelle, et dont la supérieure est complète. — La fleur mâle (*fs.m*) possède une paillette inférieure à trois nervures, une paillette supérieure à deux nervures, et, dans l'aisselle de celle-ci, l'appareil staminifère de trois étamines et deux écailles (*sq*) épaisses et impressionnées au sommet. — La fleur femelle (*fs.f*) qui finit par se refermer sur la graine, et offre alors une certaine analogie avec certaines petites Cyprées (coquilles univalves), est formée par une paillette inférieure, testacée, chagrinée (*pe* α), à cinq nervures, une paillette supérieure à deux nervures (*pe* β), un appareil staminifère analogue à celui des fleurs mâles, et enfin, un pistil à deux styles (*sy*) surmontés chacun d'un pompon de fibrilles éparses, purpurines (*si*). (269, 1007, 1916).

FIG. 5 et 6. — Tranches longitudinales de l'articulation (*ino*) de la figure 4, pour montrer le passage des racines (*rd*) à travers la substance externe (β), et leur insertion sur le canal médian (α), que continue la tige (*cl*) (374, 856).

FIG. 7. — Feuille microscopique de la jeune plumule de Maïs, sur laquelle les vaisseaux, qui doivent devenir nervures, ne se distinguent des espaces intermédiaires que par leur coloration. À cet âge, ces feuilles futures sont des follicules (1005).

PLANCHE XIX (268).

Cette planche est consacrée à l'analyse complète de la Flouve (*Anthoxathum odoratum*), si commune dans tous les herbages.

Fig. 1. — Locuste complète au bout du rameau composé qui l'attache au rachis.

Fig. 2. — Glume inférieure à une nervure.

Fig. 5. — Glume supérieure à trois nervures, dont la médiane hispide.

Fig. 4. — Troisième glume avec son arête (*ar*) subapiculaire.

Fig. 6. — Quatrième glume avec son arête (*ar*) presque basilaire. On voit que la nervure médiane cesse brusquement à la naissance de l'arête, parce qu'elle continue son développement au dehors par l'arête (**283**). Les figures 8 et 9 la présentent moins grossie, et les aspérités de l'arête moins saillantes. La figure 12 les offre dans leurs positions respectives par rapport à elles et par rapport à la fleur terminale, laquelle se compose de deux paillettes alternes : l'inférieure (*pe α*), presque quadrinerviée (fig. 14), large et presque cartilagineuse ; la supérieure (*pe β*) uninerviée, lancéolée (fig. 13). Au-dessus et dans l'aisselle de cette dernière paillette, est le double appareil mâle, de deux étamines sans écaille, et femelle, à pistil (*o*) surmonté de deux styles (*sy*) terminés par deux longs stigmates distiques, aplatis en rubans (*si*) (fig. 15). Les figures 7, 11, représentent un fragment de ces stigmates à deux grossissemens différens.

Fig. 15. — Bout d'un chaume de grandeur naturelle. — (*pu*) panicule lavée de jaune et de vert. — (*fl*) follicules que l'on retrouve fréquemment à la base de chaque articulation. — (*vg*) extrémité supérieure de la gaîne de la feuille. — (*lm*) limbe de la feuille — (*ll*) ligule membraneuse qui termine la gaîne, et se cache ici dans le cornet du limbe.

PLANCHE XX.

Fig. 1. Fleur d'un épi de *Veronica spicata*. — (*cl*) lambeau de la surface de l'axe. — (*fl*) follicule dans l'aisselle duquel vient la fleur. — (*s*) sépales du calice. — (*co*) corolle. — (*an*) anthères.

Fig. 2. Corolle ouverte pour montrer les rapports des deux étamines (*sm*) avec la corolle (*co*).

Fig. 5. Feuille spatulée, intermédiaire entre les feuilles de la base et les follicules floraux. — (*a*) faux pétiole (**1008**).

Fig. 4. Fruit biloculaire à un seul style (**1981**).

Fig. 5. Fausse corolle ou plutôt involucre de l'*Euphorbia ceratocarpa* (pl. **xxi**,

fig. 4-5), fendu par devant et observé étalé à la loupe. — (*s*) cinq petits sépales séparés entre eux par quatre glandes, en sorte que deux sont contigus. De la base de
cet involucre s'élèvent cinq pétales (*pa*) membraneux, pellucides, ciliés, inégaux,
qu'on ne parvient à étaler, sans les déchirer, qu'à force de soins et de délicatesse.

Fig. 6. Coupe de la graine d'un Euphorbe et d'une portion de son placenta (*pc*).
— (*fn*) funicule qui vient s'insérer entre la graine et l'hétérovule (*hov*). Dans le sein
de celui-ci on distingue facilement, à la structure des tissus, deux loges avortées. —
(*tt*) test, au sommet duquel s'insère le périsperme oléagineux (*al*) par une adhérence
qu'on nomme chalaze (*ch*). — A la partie opposée, l'embryon (*e*) s'insère sur la paroi
interne du périsperme, par un cordon ombilical très court (*cho*).

Fig. 7. Étamines d'inégale grandeur, dont une seule semble suivre le développement du pistil hors de l'involucre (pl. xxi, fig. 1 (*an*), pour être prête à la féconder.
—(*α*) articulation qui divise le filament en deux parties, et qui est peut-être le rudiment d'une corolle. — (*an*) anthère didyme; *theca* à déhiscence bivalve. Les grains
de pollen restent souvent adhérens au bord (2002).

Fig. 8. Coupe transversale de l'ovaire du *Canna* (fig. 11). — (*ov*) ovules insérés sur
un placenta columellaire. — (*ds*) cloisons qui divisent le fruit en trois loges. —
(*vl*) valves qui, à la déhiscence, emportent chacune une cloison et deux moitiés du
placenta. — (*gl*) couche de jolies glandes cristallines, dont la figure 9 représente une
grossie cent fois. Il y a tout un végétal dans une seule de ces glandes.

Fig. 10. Bout d'inflorescence du *Canna* offrant une fleur se développant et l'autre développée. — (*o*) ovaire infère.— (*s* 1, *s* 2, *s* 3, *s* 4, *s* 5, *s* 6) sépales disposés en spirale
par trois. — (*pa* 1, *pa* 2, *pa* 3) pétales inégaux, en spirale par trois. —(*an*) anthère latérale au bout d'un filament en forme de pétale.—(*si*) stigmate au bout d'un style
pétaloïde.

Fig. 11. Ovaire (*o*) plus grossi, surmonté de ses trois premiers sépales. — (*gl*)
glandes qui en ornent la surface (2019).

PLANCHE XXI.

Fig. 1. Une fleur de l'*Euphorbia ceratocarpa* munie de ses deux follicules (*fl*). —
(*gl*) glandes. — (*s*) petits sépales (fig. 5, pl. xx) — (*o*) ovaire sortant de la fleur au
bout d'un long funicule. —(*an*) anthère qui accompagne l'ovaire, dans le développement de son pédicule, et qui s'en écarte, comme par une répulsion consécutive,
après l'acte de la fécondation. — (*sy*) trois styles digités qui surmontent l'ovaire.

Fig. 5. Fruit de l'*Euphorbia ceratocarpa* portant à sa base son involucre fané (*co*).
— (*pd*) pédoncule qui le hisse hors de l'involucre. — (*n*) nectaire, qui, s'il s'était développé, aurait formé la corolle de cette fleur femelle. — (*fr*) corps du fruit. —
(*sy*) styles. — (*si*) sommet stigmatique de chacun d'eux.

Fɪɢ. 4. Involucre observé fermé. — (*gl*) glandes qui séparent quatre des sépales (*s*). — (*fl*) fragment des deux follicules opposés qui supportent la fleur.

Fɪɢ. 5. Coupe transversale du fruit. — (*pp*) péricarpe. — (*tt*) test. — (*al*) périsperme. — (*pc*) placenta columellaire.

Fɪɢ. 6. Inflorescence d'un *Euphorbia*. — (*fl*) follicules en spirale, de l'aisselle de chacun desquels s'élève un rameau (*cl*) qui continue ensuite par des dichotomies. — (*α*) sommité de la tige qui s'arrête à l'état rudimentaire. — (*fs*) fleurs (**2002**).

Fɪɢ. 7. Inflorescence du *Lotus siliquosus*. On croirait, au premier coup d'œil, que la fleur est la continuation de la tige principale; elle n'est que le développement de la gemme axillaire de la feuille (*fi* 1). La sommité de la tige principale est restée à l'état rudimentaire en (*g*), c'est-à-dire dans l'aisselle et entre les deux stipules de la feuille (*fi* 2. — (*fl*) trois follicules qui représentent les deux stipules et la feuille ternée, réduites à leur plus simple expression, et dont la gemme axillaire devient fleur (**1087**).

Fɪɢ. 8. Extrémité de la racine unique du *Lemna* (fig. 7, 10, pl. xv), vue à deux grossissemens différens. — (*rd*) corps de la racine. — (*α*) coiffe qu'elle emporte avec elle en se développant (810).

Fɪɢ. 10. Page supérieure (*α*) et inférieure (*β*) du *Nerium oleander*, dont la nervation latérale est en barbes de plumes. La page inférieure est recouverte de coussinets, que la figure 2 représente à la loupe, et dont nous avons donné la structure microscopique (fig. 5, pl. ɪɪɪ), en nous occupant de l'épiderme des feuilles (**1007**).

PLANCHE XXII (1705, 2⁰; 2010).

Fɪɢ. 1-11. — Analyse de la fleur du *Pontederia cordata* obtenue sur le frais, d'après la plante cultivée dans nos jardins. — (Fig. 12-17). Analyse du *Pontederia hastata*, obtenue sur le sec, d'après des échantillons exotiques.

Fɪɢ. 1. — Corolle close et couverte dans le jeune âge et sur certains individus par des glandes piliformes.

Fɪɢ. 2. — Tranche transversale du fruit (fig. 5) qui semble uniloculaire, par l'avortement de deux de ses trois loges, et dont la loge est monosperme, par le développement d'un seul ovule. — (*o*) panse de l'ovaire. — (*sy*) style hérissé de glandes sur le dos. — (*si*) stigmate trigone à peine sensible. — (*su*) suture de la déhiscence. — (*pc*) placenta columellaire. — (*l*) loge.

Fɪɢ. 4. — Le pistil (fig. 5) ouvert par l'éventrement de sa loge fertile. — (*pc*) portion du placenta, sur laquelle s'insère l'ovule (*ov*) par son funicule épaissi (*fu*). — (*l*) paroi interne de la loge. — (*su*) suture de la déhiscence. — (*sg*) stigmatule de l'ovule. — (*sy*) style. — (*si*) stigmate.

Fig. 5. — Corolle fendue longitudinalement, coupée à la base (*co*), et étalée pour montrer les rapports des appareils sexuels. — (*o*) ovaire. — (*pa*) divisions pétaloïdes peu profondes. — (*f*) filamens inégaux des étamines. — (*an*) anthères. — (*β*) continuation des filamens dans l'épaisseur de la substance de la corolle. — (*αα*) anthères pour ainsi dire rudimentaires, comme incrustées dans la substance de la corolle, et dont la présence a agrandi ce lobe médian. (Voy. fig. 2,3 de la pl. XXIII).

Fig. 6. — Embryon clos, comme l'est celui des Graminacées avant que la plumule l'ait perforé. Type de l'embryon des plantes dites monocotylédones, qui sont plutôt acotylédones. — (*cy*) sommité cotylédonnaire. — (*rc*) extrémité radiculaire. — (*cho*) traces du cordon ombilical, par lequel l'embryon adhérait à la vésicule périspermatique, comme la graine adhère au placenta par son funicule.

Fig. 7. — Stigmatule de l'ovule (*sg*) observé de champ au microscope, pour montrer à quoi se réduit la prétendue perforation, qu'on remarque à cette place, sur l'ovule, observé couché sur la panse (fig. 8); figures grossies cent fois.

Fig. 9. — Disposition des lobes de la corolle, des étamines et des loges du pistil central, dans la préfloraison (*pf*).

Fig. 10. — Anthère avec ses deux *theca* encore clos.
Fig. 11. — Grains de pollen grossis cent fois.

Fig. 12. — Fleur du *Pontederia hastata* exotique, à sa maturité. Cette fleur a six pétales égaux (*pa*) et six étamines égales qui manquent ici; et son fruit trigone a trois loges polyspermes (fig. 14).

Fig. 13. — Graine mûre, à neuf côtes convergentes aux deux pôles, dont l'un est le hile et l'autre le stigmatule. L'organisation ternaire se soutient, comme on le voit, jusque sur la structure du test.

Fig. 14. — (*gr*) Graines mûres. — (*ds*) cloison des loges. — (*su*) suture de la déhiscence. — (*vl*) valve comprise entre la suture de la cloison et la suture de la déhiscence.

Fig. 15. — Coupe longitudinale de la graine mûre, pour montrer la position de l'embryon cylindrique et clos dans le périsperme farineux.

Fig. 16. — Jeune ovule desséché, quand on l'observe placé dans une goutte d'eau; on y voit sur le bord la trace du funicule.

Fig. 17. — Un des pôles où convergent les saillies des côtes du test (fig. 13).

N. B. Les différences qui distinguent les fleurs de ces deux espèces, si voisines par tout le reste, suffiraient amplement à l'établissement des deux genres; mais la théorie les ramène facilement au même type, dont la culture, dans un climat si opposé, a écarté celle de nos jardins.

PLANCHE XXIII.

FIG. 2. — Corolle intègre du *Pontederia cordata* , sur laquelle on distingue mieux la forme bilabiée. Les lobes (*pa*) sont plus profonds, plus linéaires que sur celle de la pl. xxii, fig. 5. Les fausses anthères (*α*) sont rapprochées en une seule empreinte. — (*f*) filamens des étamines. — (*an*) leurs anthères.

FIG. 3. — Petit fragment de l'inflorescence, offrant deux corolles encore closes (*pf*), et une corolle bilabiée à l'époque de l'épanouissement.

FIG. 1. — Fragment du périsperme du *Diospyros* grossi cent fois ; c'est une agrégation de cellules renfermant, chacune dans leur sein , un paquet de tissu cellulaire. Ces cellules se désunissent d'une manière farineuse , mais ne renferment rien de féculent.

FIG. 4. Structure des cellules épidermiques du faux test de la graine de la même plante (fig. 9).

FIG. 5. Baie ou plutôt drupe du *Diospyros lotus* avec son calice quaternaire persistant (*c*) ; elle est légèrement grossie.

FIG. 8. Graine recouverte de l'endocarpe qui en forme la loge , et qui se distingue du test, par la suture qui s'y dessine comme un *raphé*. — (*h*) faux *hile* qui est celui de la loge sur le placenta columellaire.

FIG. 9. La même graine coupée longitudinalement. — (*h*) faux hile de l'endocarpe. — (*tt*) faux test, le véritable recouvrant, en guise de pellicule mince, le périsperme (*al*), au sommet duquel adhère l'embryon (*e*).

N. B. Le type de cette drupe est quaternaire, simple ou multiple ; sur les plantes cultivées dans nos climats, on trouve jusqu'à douze graines, dont une seule mûrit (1996).

FIG. 7. Embryon détaché du périsperme. — (*rc*) radicule. — (*cy*) deux cotylédons planes , ondulés.

FIG. 6. Ovule non fécondé du *Raphanus* et autres Cruciféracées, observé à un grossissement de 100 fois, couché sur la panse. — (*fu*) funicule qui l'attache au placenta. — (*ov*) test futur de l'ovule, dans la substance duquel , observée ainsi par réfraction, la physiologie académique avait lu un assez grand nombre de membanes. — (*α*) canal vasculaire. — (*vn*) panse ou périsperme futur. — (*sg*) prétendue perforation que la figure 10 représente vue de champ, et nullement perforée. — (*β*) canal vasculaire du funicule (4117, 4135).

PLANCHE XXIV.

Fig. 1. Fleur complète de l'*Ophrys ovata* (Orchidacée, 2021). Les fleurs de cette famille sont solitaires dans un follicule assez long et coloré. — (*fr*) ovaire infère. — (*s, s, s*) trois sépales qui le surmontent et qui forment le premier verticille floral. — (*pa, pa, pa* α) second verticille composé de trois pièces alternant avec celles du verticille précédent; le médian (*pa* α) prenant toujours un développement plus considérable et des formes plus ou moins pittoresques. — (*sm*) appareil staminifère, formant le troisième verticille, et prenant souvent l'aspect d'une seule et grosse étamine.

Fig. 2, 4. Grains de pollen tri ou quadricoccés, emportant avec eux le funicule par lequel ils tenaient à la masse pollinique (fig. 5), appareil analogue à celui qu'on extrait des *theca* des Asclépiadacées (1986). Voy. pl. XLIV, fig. 4.

Fig. 9. Ovule grossi cent fois; les divisions polliniques de la figure 6 sont plus grosses et plus compliquées, au même grossissement.

Fig. 5. Fleur complète du *Serapias grandiflora* (Orchidacée) — (*fr*) ovaire infère à six cannelures, sessile dans l'aisselle d'un follicule. — (*s, s, s*) verticille de trois sépales. — (*pa, pa, pa* α) verticille de trois pétales, alternant avec les sépales, et le médian (*pa* α) ayant pris une épaisseur et une forme qui l'assimile à un staminule. Le verticille staminifère est caché par cet organe constamment redressé.

Fig. 13, 15. Coupes transversales de l'ovaire (*fr*) de cette fleur, prises à deux âges différens, la figure 15 à l'âge le plus tendre. — (*pc*) placentas subdivisés chacun en trois autres. — (α) organes vasculaires, ou placentas stériles, alternant avec les placentas fertiles et conservant, à tous les âges, une structure et un aspect caractéristiques.

Fig. 12. Appareil mâle de l'*Orchis bifolia*, sur lequel on distingue toutes les pièces d'une anthère ordinaire. — (*th*) les deux thécas. — (*cv*) le connectif. — Immédiatement au-dessous est la surface stigmatique (*si*), qui est restée à l'état de cupule. — (*fr*) ovaire dont la sommité vient s'épanouir sous le stigmate. — (*ca*) éperon du pétale médian, qui prend des formes si anomales. Afin de faire mieux comprendre les rapports de tous ces organes entre eux, nous avons cru devoir forcer la dissection, et étaler artificiellement les surfaces. On voit en (β) le connecticule (149) de chaque masse pollinique (fig. 7, 8) sur le point de sortir de leur *theca* respectif.

Fig. 8. Masse pollinique sortant spontanément, sous cette forme, de chaque théca (fig. 12). — (*cn*) connecticule en pas de vis. — (*f'*) filet ou petit filament. — (*pn*) masse pollinique à deux lobes agglutinés entre eux, par une enveloppe générale.

Fig. 7. Sur cette figure nous avons séparé les deux lobes par le déchirement de la membrane glutineuse qui les associait. — Les mêmes lettres représentent les mêmes organes.

FIG. 14. La même masse fortement étalée à la loupe, pour montrer la distinction des petits lobules polliniques (*pn*), le vaisseau qui traverse le filet (*f*), comme un filament ordinaire, et l'insertion du filet, sur l'organe corné et en pas de vis, qui, primitivement, l'unissait à la base du *theca* (fig. 12).

FIG. 6. Analyse microscopique de l'une des nombreuses lanières qui composent chacune des masses précédentes (*pn*), et qui peuvent être considérées comme autant de *placentas* de grains de pollen (*pn*), qui y tiennent par tout autant de hiles et de petits funicules (*h*) (520). Ces grains de pollen sont à leur tour des masses cellulaires.

FIG. 11. Système radiculaire de l'*Orchis latifolia*. On y remarque 1° un tubercule inférieur quadrilobé, et comme palmé, qui donne naissance et fournit, par son épuisement gradué, au développement de la hampe; 2° un tubercule naissant, supérieur à celui-ci, auquel la hampe donne naissance, et qui est destiné, après la la mort de la tige, à reproduire l'espèce, comme le fait le tubercule oblitéré. C'est une graine souterraine qui ne germera que l'année suivante (848). Voy. la figure 12 de la planche suivante.

PLANCHE XXV.

FIG. 12. Anatomie du système radiculaire des *Orchis* à tubercules arrondis et didymes; les deux testicules sont coupés par le milieu, dans le sens de leur longueur. — (*tb* 1) tubercule qui s'épuise, se dépouille de sa fécule au profit de la tige, à laquelle il a donné naissance par sa sommité (*ε*). — (*tb* 2) tubercule auquel la hampe donne à son tour naissance, et qui mûrira toute cette année, sous terre, pour germer l'année suivante. Cet organe réunit les caractères du tubercule.(*tb*), et ceux de la bulbe (*bl*), avec ses emboîtemens clos qui forment la plumule (*g*), dont le tubercule serait la radicule (pl. XXVIII, fig. 6). L'analogie de ce corps avec les véritables graines monocotylédones se soutient sous tous les autres rapports : il adhère à la tige, comme à un placenta, par un funicule vasculaire (*fn*), et il ne germera qu'après s'être détaché de son placenta. Sa structure intime rappelle, par ses nervures et sa substance féculente, la structure des cotylédons périspermatiques. — (*rd*) radicelles qui sont des funicules (*fn*) de tubercules non développés, dont elles ont toute la structure interne et la couleur superficielle. — (α) canal vasculaire qui sert de columelle à tous ces développemens. — (*cl* α, *cl* β, *cl* γ, *cl* δ, *cl* ε) tranches transversales de la tige prises entre α et ε, et se suivant, dans l'ordre ci-dessus, de haut en bas; on y voit l'origine des racines (*rd*) qui partent toutes de l'étui médullaire central, lequel affecte la continuité et l'aspect serré de l'une des couches concentriques qui caractérisent les plantes dites dicotylédones (904).

Fig. 11. — *(fs)* fleur ou plutôt chaton hermaphrodite du *Calycanthus floridus* (1925), émanant de l'aisselle de deux feuilles opposées *(fi)*, vue de grandeur naturelle.

Fig. 12.—Moitié de cette fleur coupée longitudinalement, pour offrir le passage des organes les uns à la forme des autres. — *(cl)* organisation interne du pédoncule. — *(fl)* follicules en spirale, qui, peu à peu, passent à la forme de pétales *(pa)*, sur lesquels on remarque déjà une tendance à organiser leurs sommités en anthères (fig. 1, 5, α). Cette organisation se complète sur la spire suivante *(sm)*; mais ces étamines conservent, par leur large connectif antérieur (fig. 2, *f*), tous les caractères des deux pages du pétale. Les étamines continuant la marche de leurs transformations, arrivent à la forme intermédiaire de staminules (fig. 9), sur lesquels l'anthère avortée forme une petite tête, et le filament acquiert déjà une panse (α), qui lui donne l'aspect général des pistils (fig. 10); ceux-ci forment les spirales supérieures, par leur ordre de succession, quoique inférieures par celui de leur position.

Fig. 1. — Pétale vu par sa page postérieure.

Fig. 5. — Le même vu par sa page antérieure.

Fig. 2. — Étamine vue par sa page antérieure par rapport aux pistils. — *(f)* filament qui s'étend en un large connectif jusqu'au sommet, et qui se termine là par un organe que l'on retrouve également sur les pétales et les staminules (fig. 9). — *(th)* thécas dorsaux.

Fig. 4. — La même étamine vue par sa face dorsale ou extérieure, qui porte les deux thécas *(th)*.

Fig. 8. — Coupes transversales de ces étamines, l'une vue à sec, et l'autre dilatée dans une goutte d'eau; on remarque qu'elles possèdent quatre *theca* *(th)*. — *(cv)* est le vaisseau de leur large connectif, c'est-à-dire le placenta columellaire de ces quatre loges.

Fig. 6. — Grains de pollen grossis cent fois.

Fig. 9.—Staminules formant les spirales intermédiaires entre les spirales des étamines et celles des pistils.

Fig. 10. — Pistil, déviation des staminules (fig. 9). — *(o)* panse de l'ovaire qui correspond à la panse (α) du staminule (fig. 9). — *(sy)* style qui correspond à la sommité du staminule.

Fig. 7. — Le même ouvert pour montrer l'insertion de ses deux ovules *(ov)* sur l'unique placenta (595).

PLANCHE XXVI.

Fɪɢ. 1. — Ovaire monstrueux d'une fleur du *Pæonia moutan* pris en mai 1834 au Jardin-des-Plantes. —(*si*) ligule qui est le stigmate normal (*si*) des vrais ovaires.—(*o*) panse de l'ovaire hérissée de poils normaux. — (*an*) ovules qui se sont transformés en anthères pleines de grains de pollen.

Fɪɢ. 3. — Autre déviation des mêmes ovaires, dont l'ovule (*ov*) normal n'a pas cessé d'être en communication avec l'air extérieur, par l'éventration de la loge. — Sur d'autres, le stigmate (*si*) finissait par envahir toute la substance de l'ovaire par des passages à l'infini, et en dernière déviation arrivait à la forme de follicule (*fl.* fig. 7), analogue à ceux du *Calycanthus* (pl. xxv) (414). Dans cette fleur, le pistil était retourné au rôle d'étamine et ensuite à celui du pétale.

Fɪɢ. 4. — Étamine double du *Momordica elaterium* avec son filament (*f*) et ses deux *theca* marginaux (*an*).

Fɪɢ. 6. — Parois du *theca* ouvertes, et dépouillées de grains de pollen. — (*α*) corps de l'étamine sur lequel s'insère le *theca* (*an*) par sa nervure médiane (569).

Fɪɢ. 5. — Poil articulé (*α*) et pistilliforme de la même plante.

Fɪɢ. 9. — Poil articulé et stipité du *Cucumis dipsaceus*; les entrenœuds du sommet sont spiraligères; ils sont placés au bout d'un long éperon verdâtre.

Fɪɢ. 10. — Glande furfuracée et limpide, pentagone, qu'on trouve sur la surface du *Cucumis sativus*, ayant $\frac{1}{77}$ de millimètre, et qui est un rudiment avorté du poil, fig. 15. (*Voyez* pl. v, fig. 1.)

Fɪɢ. 15. — Poil développé du fruit (pl. xLvɪɪɪ, fig. 15), à l'époque où il n'a encore que $\frac{1}{3}$ de millimètre. En vieillissant le poil tombe, la bouteille qui le supporte perd peu à peu sa transparence, jaunit, et durcit en forme de verrue.

Fɪɢ. 16. — Poil des autres organes de la même plante, vu au même grossissement et étudié au même âge (1225).

Fɪɢ. 8. — (*an*) anthère vacillante, au bout du filament (*f*) (146), prise sur une fleur d'*Ornithogalum*. — (*pn*) son pollen trigone, vu sous diverses faces, à l'instant de l'éjaculation.

Fɪɢ. 2. — Fleur de grandeur naturelle du *Blumenbachia insignis* cultivé. — (*pd*) pédoncule. — (*s*) cinq sépales linéaires. — (*pa*) cinq pétales en casque. — (*sm*) cinq paquets d'étamines, un par chaque pétale. — (*sl*) cinq staminules (fig. 14) alternes avec les pétales. — (*fr*) ovaire infère.

Fig. 15. — L'ovaire *(fr)* dépouillé des pétales, étamines et staminules qui le couronnent ; conservant, à la chute de ces trois sortes d'organes, ses cinq sépales *(s)* persistans et son style unique *(sy)*.

Fig. 12. — Fruit mûr, grossi pour en montrer les dix côtes.

Fig. 11. — Coupe transversale du même. —*(pc)* placentas valvaires, se prolongeant dans l'intérieur de la loge unique *(l)*, en forme de fausses cloisons. — *(pp)* péricarpe spongieux, infiltré d'air, et traversé, dans toute son épaisseur, par les fausses cloisons.

Fig. 14. — Staminule de la fleur (fig. 2). —*(α)* deux prolongemens internes, à substance cotonneuse comme le corps de l'organe. — Ce corps offre trois cannelures, jaunes à la base, orangés en haut avec les nuances du spectre ; il est orné d'une bande orangée sur les bords du sommet. Chaque cannelure donne naissance à un des filamens hispides *(β)*. Le reste de l'analyse de cette plante occupe toute la planche suivante.

PLANCHE XXVII.

Suite des figures 2, 11, 12, 13, 14, de la planche précédente.

Fig. 4. Tissu qui tapisse la paroi interne du fruit ainsi que les fausses cloisons (fig. 11, pl. xxvi), vu à la loupe.

Fig. 1. — Un fragment du même à un grossissement de cent diamètres. Ce tissu se compose de deux couches de cellules : l'externe *(ce)* est un réseau épidermique (pl. iii) à cellules plus longues que larges, ayant d'un dixième à un vingtième de longueur sur un cinquantième de largeur environ ; elle en recouvre une autre composée de cellules également aplaties, mais qui parviennent en général à une longueur de quatre dixièmes de millimètre sur une largeur d'un dixième. Ce que cette couche externe offre de plus remarquable, c'est la double analogie, et de sa structure avec le test (fig. 2) de l'ovule qui s'attache à sa surface, et des poils *(pl)* dont elle est hérissée à l'intérieur du fruit, comme le fruit l'est sur son ectocarpe (fig. 12). En vertu des lois qui président à l'étiolement, les poils de l'intérieur de la loge s'allongent beaucoup plus que ceux de l'extérieur ; ceux-ci atteignent un cinquième de millimètre, et prêtent, à toutes les surfaces de cette plante le caractère que nous avons désigné par les mots de *surface accrochante* (64, 7°).

Fig. 6. — Ovule non fécondé grossi cent fois. — *(h)* large *hile* par lequel il adhère immédiatement aux surfaces placentaires (pl. xxvi, fig. 11 *pc*). — *(sg)* long stigmatule qui descend jusqu'en *(α)*. — *(α)* zone qui sépare la panse de l'ovule de son stigmatule, qu'une observation superficielle prendrait pour un organe mâle sorti de l'ovule et qui y rentrerait par le progrès de la maturation.

Fig. 9. — Graine mûre avec son test réticulé, crispé, dont la figure 2 donne l'analyse au grossissement de cent diamètres. Cette portion du test se détache comme un arille (125) de la portion intérieure, dont la figure 11 représente la surface granulée par des glandes didymes (*gl*) analogues à des gros grains de pollen, qui adhéreraient aux interstices d'un tissu cellulaire ; ces glandes ont un centième de millimètre en diamètre.

FIG. 10. — Graine ouverte afin de montrer les rapports d'insertion 1° du test ou de l'arille réticulé (*tt*), tapissé par la couche, dont la figure 11 donne la surface externe ; on en voit un fragment en (*gl*) ; 2° de la chalaze épaisse (*ch*) qui unit cette seconde couche du test au périsperme oléagineux (*al*), dans le sein duquel se trouve l'embryon (*e*). — (*sg*) stigmatule du périsperme.

FIG. 5. — Périsperme détaché de la chalaze (*ch*) ; il répand, sur le porte-objet, des myriades de gouttelettes oléagineuses.

FIG. 7. — Embryon pris à la maturité. — (*rc*) radicule. — (*cy*) cotylédones planes et inégaux.

FIG. 8. — Embryon très jeune ; il est clos, à cette époque, comme un embryon monocotylédoné.

FIG. 2. — Tissu du test ou arille observé à un faible grossissement. Les parois des cellules se sont oblitérées comme sur les feuilles de l'*Hydrogeton* (65, 26°). Il en reste pourtant encore çà et là des traces, ainsi que certaines adhérences, avec la surface glanduleuse (*gl*) de la couche dont nous avons déjà parlé (fig. 11).

Fig. 5. — La même vue à un plus fort grossissement. — (*in*) interstices vasculaires qui, en s'incrustant d'un savon ammoniacal, survivent à la décomposition des membranes cellulaires (*mm*), et possèdent alors tous les caractères du réseau des Éponges. — (*α*) canal central de chacun de ces interstices (1115, 1166, 1195, 2026).

PLANCHE XXVIII.

FIG. 2. — Fleur du *Cestrum laurifolium*. — (*c*) calice vert, monosépale, à cinq divisions. — (*co*) corolle tubulée, monopétale à cinq divisions au sommet.

FIG. 5. — Corolle ouverte longitudinalement. — (*f*) filament libre des étamines insérées sur le tube (*α*), comme dans l'aisselle d'un follicule (*lg*), et au sommet d'une cannelure qui est incrustée dans la substance de la corolle. — (*an*) anthère.

FIG. 4. — Etamine vue de côté avec son follicule (*lg*).

FIG. 1. — Pistil inséré au fond de la corolle. — (*n*) nectaire qui supporte l'ovaire. — (*o*) ovaire à cinq côtes et cinq valves. — (*sy*) style cylindrique terminé par un stigmate pentalobé.

Fig. 5. — Ovules sur cinq rangs, quoique l'ovaire soit biloculaire.

Fig. 8. — Coupe transversale de l'ovaire à la hauteur des ovules. — (*pp*) péricarpe. — (*l*) les deux loges. — (*cm*) placenta columellaire.

Fig. 9. — Coupe transversale du même au-dessous de l'insertion des ovules. Là on trouve les rudimens des cinq loges, dont trois s'oblitèrent régulièrement, et quelquefois toutes à la fois, d'où il est arrivé que Linné a décrit ce fruit comme étant uniloculaire.

N. B. En n'étudiant donc le fruit qu'à la maturité ou à un âge avancé, on serait en droit de placer cette plante dans les Convolvulacées (1963) ou dans les Solanacées (1994). Mais en suivant les principes de la nouvelle méthode de détermination (1947), on découvre au fruit tous les caractères du type quinaire, et sa place est marquée dans les Rhododendracées (2031), dont cette espèce se rapproche, en outre, par la structure résineuse et cellulaire des masses polliniques renfermées dans les anthères.

Fig. 6. — Radication de la tulipe des jardins. — (*lm*) limbe de la feuille. — (*α*) bulbe dont la gaîne close forme l'enveloppe externe, et que l'enveloppe (*ε*) finira par perforer. — (*β*) bulbes nées comme deux graines, sur la surface externe de cette gaîne, comme sur un *placenta* auquel elles tiennent par un funicule (*γ*). — (*rd*) vraies racines. La figure est de grandeur naturelle.

Fig. 16. — Une bulbe fendue longitudinalement pour montrer les emboîtemens internes. — (*γ*) funicule. Chacune de ces bulbes peut être assimilée à un embryon monocotylédoné (887).

Fig. 9. — Tige du *Xylophylla*; sans la présence des fleurs qui naissent de l'aisselle des dents, on la prendrait pour une feuille. Les feuilles de cette plante ne sont que des petits follicules caduques, dans l'aisselle desquels naissent les fleurs microscopiques (*fs*).

Fig. 11. — Petite fleur non encore éclose.

Fig. 10. — Fleur mâle épanouie. — (*pd*) pédoncule. — (*s*) trois sépales. — (*pa*) trois pétales. — (*sl*) quatre staminules. — (*sm*) trois étamines insérées sur un filament commun.

Fig. 12. Fleur femelle. — (*pd*) pédoncule portant à sa base un rudiment de fleur. — (*s*) trois sépales. — (*pa*) trois pétales. — (*st*) trois staminules qui, s'ils avaient pris tout leur developpement, auraient rendu la fleur hermaphrodite. — (*si*) trois stigmates digités, grossis à la figure (13), et alternant avec les staminules; ils sont sessiles au sommet de l'ovaire.

Fig. 14. Fruit mûr à six côtes.

Fig. 18. Coupe transversale de l'ovaire jeune. — (*l*) trois loges à deux côtes chacune. — (*pp*) péricarpe. — (*cm*) columelle à deux ovules par loges. — (*ds*) cloison.

Fig. 17. Une des étamines de la figure 10 détachée du filament commun. — *(f)* filament spécial. — *(an)* anthère didyme.

Fig. 15. Préfloraison ou coupe tranversale de la fleur non encore épanouie, pour montrer les rapports des sépales avec les pétales (417, 2002).

PLANCHE XXIX.

Fig. 8. Poil analogue, par sa structure, à l'anthère de certaines mousses (pl. LVII, fig. 11); c'est par erreur que sur la planche nous l'avons indiqué comme appartenant aux Cucurbitacées; c'est sur les jeunes bractées et les jeunes pétales des Mauves qu'on le trouve. Il est grossi cent fois. — *(gl)* espèce de glande sur laquelle il repose. — *(β)* pilosité simple. — *(α)* entrenœud coloré en purpurin de la pilosité à diaphragme.

Fig. 9. Poil étoilé qu'on retrouve sur les feuilles de la même famille.

Fig. 11. Ovule très jeune du *Chelidonium majus* (pl. XXXIII). — *(fn)* funicule. — *(sg)* prétendue perforation vue de profil, qui se montre comme une surface continue, quand on la regarde de champ (*sg* fig. 10), et qui, dans l'acte de la fécondation, joue le rôle de stigmate.

N. B. Les figures 1-7, qui ont pour objet spécial les circonstances de la germination de l'Érable, commencent la série d'analyses que continue la pl. XXX.

Fig. 1. Embryon extrait de la graine et grossi à la loupe, après en avoir étalé les cotylédons (*cy*); (*rc*) radicule. Il est vu ici par réflexion. La fig. 2, pl. XXX, le représente un peu plus âgé et plus voisin de la germination; le réseau qui unit les trois nervures principales de chaque cotylédon (*cy*) y est déjà plus saillant, et la radicule (*rc*) a déjà pris uue extension plus considérable. La substance des cotylédons est déjà fortement herbacée.

Fig. 2. Jeune Érable, entièrement débarrassé des enveloppes de sa graine. — *(rd)* racine pivotante, qui provient du développement, vers le nadir, de la radicule (*rc*) fig. 1. — *(cd)* collet ou articulation qui unit cette racine au système aérien. — *(cy)* cotylédons verdâtres trinerviés, qui continuent à se développer hors de terre, et n'abandonnent la tige qu'à une époque assez avancée de son développement aérien. — *(pm)* plumule, que la figure 3 représente grossie à la loupe; la figure 2 est de grandeur naturelle.

Fig. 3. Plumule de la figure 2 grossie à la loupe. — *(lm)* limbe ployé de la feuille, déjà muni d'une nervation rudimentaire et hérissée des glandes (fig. 4) sur la nervure médiane. — *(pt)* pétiole. — *(ino)* entrenœud qui sépare l'articulation du collet (*cd*), de l'articulation, sur laquelle s'insèrent les deux premières feuilles opposées. — *(α)* organisation interne de cet entrenœud, montrant que les deux feuilles se continuent au-dessous de leur articulation même. — *(cy)* cotylédons amputés.

Fig. 4. Glande de la feuille grossie cent fois; elle est limpide, cellulaire, surmontée d'un mamelon en forme de stigmatule.

Fig. 5. Une calotte du test (*tt*) de la graine (fig. 5, pl. xxx *ov*) qui offre la plus grande analogie de structure avec le péricarpe ailé lui-même (fig. 4, pl. xxx *pp*). Les nervures s'y distribuent à droite et à gauche de la nervure médiane, qui forme la carène, tandis que le test des autres graines n'offre en général que des mailles plus ou moins régulièrement hexagonales (1409).

Fig. 6. Anatomie de la plumule fig. 5. — (*pi*) pétiole de la feuille. — (*g*) gemme close qui recèle les deux feuilles destinées à croiser les deux premières. — (*ct*) écorce qui se détache facilement du corps de la tige (*cl*).

Fig. 7. Fécule verte que l'on obtient en déchirant sous l'eau la substance des cotylédons (fig. 2 *cy*), à l'âge que représente la figure. Nous avons pris soin de reproduire les formes et les dimensions les plus communes des cellules isolées (*ce*) qui forment les élémens immédiats de cette fécule. La couleur verte provient spécialement des granulations qui tapissent les parois de chaque vésicule, quoique la membrane interne y contribue aussi pour sa part. La physiologie académique aurait pris, il y a dix ans, les globules pour des pores, et les plis pour des fentes (511).

PLANCHE XXX.

Suite des figures 1-7 de la planche précédente.

Fig. 5. Bouton clos de la fleur de l'Érable. — (*pd*) pédoncule. — (*s*) sépales valvaires, qui donnent au bouton l'apparence d'un fruit pentagone (121).

Fig. 1. Le même épanoui. — (*s*) sépales au nombre de cinq. — (*pa*) pétales en même nombre et alternes avec les sépales; ils sont insérés autour d'un nectaire, sur lequel s'insèrent perpendiculairement les étamines, dont on ne voit ici que l'empreinte, et dans le fond duquel on trouve l'ovaire binaire.

Fig. 7. La même fleur, dépouillée de ses cinq sépales, de quatre de ses pétales, afin d'offrir plus distinctement les rapports d'insertion des huit étamines (*sm*); chacune d'elles semble sortir d'une gaîne très courte. — (*pt*) pistil. — (*pa*) pétale. — (*an*) anthère close.

Fig. 8. Tranche longitudinale du gâteau ou nectaire, qui supporte les organes sexuels. — (*f*) filament de l'étamine, qui émane d'un vaisseau spécial. — (*an*) anthère quadrilobée et prête à s'ouvrir. — (*co*) vaisseau qui parvient à chaque pièce de la corolle. — (*c*) vaisseau qui arrive à chaque pièce du calice. — (*pd*) pédoncule. — (*pt*) pistil qui émane à son tour d'un vaisseau central. Chacun de ces vaisseaux peut être considéré comme un entrenœud, sur lequel chaque pièce s'empâte et s'articule par sa partie radiculaire.

Fig. 10. (*an*) anthère vue après la déhiscence ; les deux *theca* ont réfléchi leurs parois sur le filament (*f*) qui s'est recourbé au sommet. — (*pn*) pollen grossi cent fois.

Fig. 9. Jeune pistil. — (*o*) loge qui commence à développer son aile. —(*sy*)style bicannelé terminé par deux stigmates (*si*) qui se recourbent de chaque côté.

Fig. 4. Une de ces loges arrivée à son complet développement, à l'époque de la maturation. — (*cm*) columelle qui l'unit à l'autre loge. — (*pp*) péricarpe, qui, sur tout le reste, n'est qu'une aile membraneuse, un surcroît de sa substance.

Fig. 5. Le même, dont une paroi du péricarpe a été enlevée, pour laisser voir l'intérieur de la loge (*l*), et l'insertion de l'ovule (*ov*) sur le placenta interne de la columelle (*cm*).

Fig. 6. Le même, montrant comment une loge se détache de l'autre, par la rupture de la columelle (*cm*), après la maturation.

N. B. La fleur de l'Érable (fig. 1) offre la plus complète analogie avec celle du *Ziziphus* (pl. LVI, fig. 6) (1971).

PLANCHE XXXI.

Fig. 1. Réceptacle floral, ou faux chaton d'Aster, que l'on désignait sous le nom de fleur composée.— *(fs, f)* tour de spirale, composé de demi-fleurons qui poussent peu à peu à la forme de fleurs complètes ; l'on retrouve celles-ci formant le centre du réceptacle, en nombreuses spirales qui reviennent presque indéfiniment sur elles-mêmes.

Fig. 2. Le même réceptacle vu par sa partie dorsale, pour rendre plus sensible le passage de la feuille (*fi*) à la forme du follicule (*fl*), ensuite à celle de demi-fleurons (*fs, f*), qui se trouvent sur le pourtour.

Fig. 5. Fleur du centre du réceptacle. — (*o*) ovaire. — (*co*) corolle tubulée divisée en cinq dents valvulaires, au sommet.— (*an*) cinq anthères soudées en un tube autour des deux stigmates papillaires (*si*), et insérées, par de fort courts filamens, sur le tube de la corolle.

Fig. 5. La même corolle (*co*) avant sa déhiscence, close comme un ovaire qui surmonterait un autre ovaire (*o*) (1200).

Fig. 4. Demi-fleuron observé au même grossissement que les deux figures précédentes. — (*o*) ovaire. — (*co*) limbe qui forme la corolle, c'est-à-dire corolle qui s'est fendue latéralement et qui a continué son développement à la manière des feuilles. — (*sy*) style. — (*si*) stigmate dépouillé de fibrilles, et par conséquent peu apte à subir la fécondation du pollen (1083, 1949).

Fig. 6. Pédoncule d'une fleur à peine éclose de *Samolus valerandi* (Primulacée, 2029). Le follicule, dans l'aisselle duquel il a pris naissance est monté, comme hors de sa place, avec lui. — (*o*) place de l'ovaire semi-infère. — (*cl*) tige principale.

Fig. 8. Fleur épanouie vue à la loupe. — (*o*) place de l'ovaire. — (*s*) cinq sépales. — (*pa*) cinq pétales alternes. Le calice tient au péricarpe, la corolle au calice, en sorte que cette fleur est *monarthriée* (uniarticulée) (1878).

Fig. 11. Corolle étalée. — (*sm*) cinq étamines. — (*sl*) cinq staminules alternant avec elles. — (*pa*) cinq divisions pétaloïdes alternant avec les staminules.

Fig. 12. Ovaire vu de champ, dépouillé de l'appareil de sa corolle. — (*sy*) style unique, central. — (*s*) cinq sépales adhérant au péricarpe. — (*vl*) valves apiculaires au nombre de cinq, alternant avec les divisions pétaloïdes de la corolle.

Fig. 10. Étamine grossie, l'une vue par dernière (*an*, *f*), et l'autre par devant, après la déhiscence (*th*, *f*). — (*an*) anthère. — (*f*) filament. — (*th*) théca.

Fig. 7. Tranche longitudinale du fruit couronné de son calice. — (*pp*) péricarpe dont la substance se confond avec le calice. — (*pc*) placenta sphérique. — (*ov*) ovules rangés autour de la sphère du placenta, dans l'ordre que représente la figure 9. — (*sy*) place du style (2029).

Fig. 15. Silicule du *Clypeolea jonthlaspi* (Cruciféracée 1968). L'ovule se dessine à travers la paroi de l'une de ses deux loges, dont l'autre avorte.

Fig. 14. Une des deux loges (*l*) dépouillée de sa valve. — (*pp*) substance ailée du péricarpe. — (*fu*) funicule de l'ovule (*ov*) qui s'attache à un placenta sutural. — (*pd*) pédoncule du fruit.

Fig. 13. Ovule. — Embryon recourbé, à cotylédons planes (*cy*), à radicule latérale (135, 136), se dessinant à travers le test qui s'applique sur cet organe.

Fig. 14. Coupe longitudinale de cette graine. — (*tt*) tranche du test. — (*rc*) étui où se loge la radicule. — (*cy*) cotylédons appliqués l'un contre l'autre, et séparés de la radicule par le périsperme membraneux (1154). Voy. pl. LII, fig. 1, 10.

PLANCHE XXXII.

Fig. 1. Réceptacle vu par le dos, d'un *Scabiosa atropurpurea* (Dipsacée 1950). — (*fl*) follicules, déviations de la feuille, arrivant, en modifiant leur type, à la forme de bractées des fleurs (*fs*). — (*pd*) pédoncule de la fleur.

Fig. 5. Le même vu par devant. Ici, comme chez l'*Aster* de la planche précédente, les fleurs de la spirale la plus externe affectent un caractère moins régulier que celles qui couvrent le centre. — (*pd*) pédoncule. — (*fl*) follicule. — (*fs*) fleurs d'un purpurin de plus en plus intense, sur lequel les anthères se détachent en points jaunes.

Fig. 2. Fleur du pourtour du réceptacle, dans l'aisselle de son follicule (*fl*). — (*o*) ovaire surmonté de la corolle (*co*), et des cinq arêtes qui en forment comme le calice.

Fig. 4. Fleur régulière du centre du réceptacle. — (*co*) corolle. — (*o*) ovaire.

Fig. 5. Réceptacle à la maturité des graines. Il s'allonge pour que les graines, dont la radicule est supère, puissent plus librement se diriger vers le sol (1165).

Fig. 7. Appareil de la fleur à la maturation.

Fig. 6. Le même ouvert. — (*inv*) involucre calicinal, d'abord clos et adhérent au sommet du pistil, par les écailles qu'on observe sur le pourtour (β). — (γ) panse de cet involucre, qui, s'il était resté fermé, aurait joué le rôle de péricarpe, et interverti, dès lors, les rôles de tous les organes de l'ovaire. — (α) collerette qui dans ce cas eût formé le calice supère. — (*s*) arêtes que j'ai cru devoir nommer sépales, à cause de l'analogie de leur position. C'est dans le centre de cette couronne d'arêtes que s'insère la corolle.

Fig. 8. (*gl*) glandes polliniformes, pédicellées, que l'on trouve insérées sur la surface des cinq arêtes de ce *Scabiosa*, et surtout à la base, où elles persistent, à l'abri du frottement. Elles sont grossies cent fois.

Fig. 11. Fruit ouvert transversalement du *Cardiospermum halicacabum* (Sapindacée 2005). — (*l*) trois loges vésiculeuses et remplies d'air. — (*ds*) cloisons qui les séparent. — (*pp*) parois du péricarpe de chacune d'elles. Les trois loges doivent être considérées comme trois capsules agglutinées par la portion correspondante des cloisons. — (*or*) ovules insérés, un dans chaque loge, sur le placenta columellaire.

Fig. 12. Ovule détaché du placenta; il se colore d'abord en vert lisse foncé, et semble sortir d'une cupule blanche (*ai*), que la figure 13 montre du côté de l'échancrure (1141).

Fig. 9. Section longitudinale de la graine. — (*pd*) funicule. — (*ai*) arille blanche. — (*al*) espèce de périsperme verdâtre, qui revient sur lui-même, comme un embryon, ou plutôt comme deux embryons, dont on verrait les deux radicules en (β). — (*e*) gros embryon, qui s'insère par son cordon ombilical (*cho*) sur la paroi de ce périsperme anormal (1169).

Fig. 10. Embryon isolé. — (*rc*) radicule terminée par un cordon ombilical rigide (*cho*). — (*cy*) cotylédons inégaux, l'un comme plane, et l'autre fortement tubéreux.

PLANCHE XXXIII.

Fig. 11. Bouton encore clos du *Chelidonium majus* (Chélidoniacée 1952). — (*fl* 1) follicule de l'aisselle duquel part ce bouton. — (*fl* 2) deux autres follicules, que l'on retrouve à la base des deux sépales (*ss*) qui sont clos, comme les valves des fruits bivalves, et qui portent au sommet leur structure stigmatique (*sg*), sous laquelle est collé le stigmate du fruit, dans son jeune âge.

Fig. 3. Fleur jeune, dont les sépales et les pétales sont enlevés, pour mettre à découvert les empreintes que les spires d'étamines (*sm*) laissent sur l'entrenœud qui les supporte. — (*fl*) follicules correspondant aux follicules 2 de la figure 11. — (*o*) silique vue par une de ses deux valves. — (*sn*) placenta sutural, par où doit se faire la déhiscence. — (*γ*) ligne médiane qui est la trace d'une cloison oblitérée. — (*sy*) style court, qui se prolonge en deux stigmates à papilles internes (*si*), ou plutôt en un seul qui est béant (fig. 4), sa commissure correspondant à la suture.

N. B. Les follicules placés à la base de ce chaton (*fl* 1 ; *fl* 2 ; *s*) sont disposés dans l'ordre alterne.

Fig. 7. — Pistil à l'âge le plus tendre et presque glanduliforme. La place du stigmate y est à peine marquée comme un point.

Fig. 5. — Pistil plus âgé vu au même grossissement ; on aperçoit déjà à son sommet le stigmate (*si*), qui a l'apparence de l'organe que les anatomistes ont surnommé *bec de tanche*.

Fig. 2. — Ovaire beaucoup plus âgé vu à une loupe moins forte. Il offre alors la plus grande analogie avec l'étamine (fig. 4). — (*γ*) tient la place du connectif ; (*α*) celle des deux *theca* (*th*). Le filament est trop court pour prendre un nom distinct. A cette époque, cet ovaire est biloculaire, et ses ovules sont réduits à la dimension des globules du tissu cellulaire. S'ils subissaient la tendance à un développement pollinique, l'ovaire deviendrait une étamine, qui continuerait la spire des étamines, et ainsi de suite, jusqu'à ce que l'un de ces organes subit la tendance à s'organiser en ovaire.

Fig. 4. — Une des étamines jeunes. — (*f*) filament qui commence à s'allonger. — — (*th*) *theca* qui correspondent aux loges naissantes de la figure 2. — (*cn*) connectif. — (*γ*) ligne médiane et vasculaire qui correspond à la ligne médiane (*γ*) de la figure 2.

Fig. 10. — Coupe transversale de la silique mûre. Elle est, à cette époque, uniloculaire. — (*pc*) les deux placentas suturaux. — (*ov*) ovules par deux rangs sur chaque placenta. — (*γ*) vaisseaux médians qui formaient primitivement la cloison de la silique.

Fig. 8. — Tranche transversale de la silique du *Chelidonium corniculatum*, qui est non seulement biloculaire, mais même a une troisième loge centrale et stérile. — (*lll*) loges. — (*pc*) placentas qui portent dans chaque loge un rang d'ovules chacun. Si la loge centrale venait à s'oblitérer, chacun d'eux aurait ainsi deux rangs contigus d'ovules, comme sur la figure 10.

Fig. 9. — Graine mûre du *Chelidonium majus*. — (*h*) hile. — (*hov*) hétérovule, un des plus élégans que l'on rencontre sur les graines d'une structure analogue (1137).

Fig. 6. — Inflorescence jeune du *Chelidonium majus*. — (*fi*) feuille de l'aisselle de laquelle elle naît. — (*cl*) tige. — (*inv*) involucre qui simule un calice ; les pédoncules des fleurs closes (*c*) auraient formé les étamines en spirale, si la sommité de l'inflorescence (*in*) s'était tout-à-coup transformée en pistil (1085).

Fig. 12. — Ovule hétérovulé du *Fumaria*. — (*h*) hile. — (*hov*) hétérovule.

Fig. 13. — (Appartient, ainsi que les figures 14, 15, 16, à la planche suivante.) Bouton fermé par la réunion valvaire du calice (*c*) que supporte le fruit en forme de pédoncule. Ce calice joue le rôle d'ovaire, don tla sommité (*sg*) est un stigmate en diminutif. On voit un cinquième de ce stigmatule, au sommet du sépale trinervié (*s*) (*Epilobium roseum*).

Fig. 15. — Ovule de l'*Epilobium roseum* surmonté de son *stigmatule* (1129) en aigrette soyeuse. La disposition de la planche nous a obligé de le placer dans une position inverse de celle qu'il occupe dans l'ovaire (pl. XXXIV, fig. 2. *fr*).

Fig. 14. — Ovule ouvert longitudinalement. — (*rc*) radicule qui dans le fruit est infère. — (*cy*) deux cotylédons planes.

Fig. 16. — Embryon fort jeune extrait de l'ovule, à l'époque où il n'a pas encore épuisé son périsperme. — (*rc*) radicule. — (*cy*) cotylédons étalés et vus par le dos.

PLANCHE XXXIV.

Fig. 4. — Inflorescence de l'*Epilobium roseum* (ONAGRARIACÉE 1999). — (*cl*) tige. —(*fi*) feuilles dans l'aisselle desquelles est un fruit solitaire (*fr*) surmonté d'une fleur. — (*c*) calice. — (*co*) corolle.

Fig. 5. — Fragment d'inflorescence de l'*Epilobium tetragonum*. La tige (*cl*) est quadrangulaire, car les feuilles (*fi*) sont opposées croisées. Les bords de chaque feuille se continuent en deux angles vasculaires (α).

Fig. 9. — Moitié de la tige cylindrique de l'*Epilodium roseum*, sur lequel on remarque (*ct*) l'écorce, (*ab*) l'aubier, (*lg*) le ligneux, (*md*) la moelle.

Fig. 8. —Tranche transversale de la tige de l'*Epilobium tetragonum*, sur laquelle on remarque (α) les quatre vaisseaux angulaires, (β) l'écorce, (*ab*) l'aubier ; et au centre le ligneux enveloppant la moelle verdâtre, et croisant par ses quatre angles les angles (α) (879).

Fig. 7. — Tranche transversale du fruit, sur lequel on retrouve toutes les pièces que nous venons de désigner sur la tige de l'*Epilobium tetragonum*. — (α) les quatre angles vasculaires. — (β) le péricarpe qui correspond à l'écorce. — (pc) la columelle qui correspond à la moelle, et qui, quadrangulaire à son tour, alterne par ses angles avec les angles du péricarpe. — (l) loges (879).

Fig. 2. — Anatomie d'une fleur d'*Epilobium roseum*. — (fr) fruit dont les quatre valves (α) se séparent et entre elles, et de la columelle (cm), et de la cupule de la fleur. — (co) corolle coupée pour être étalée. — (sm) insertion des huit étamines alternativement inégales, à la base des quatre divisions pétaloïdes. — (sy) style se terminant en un stigmate en forme de corolle 2binaire (si), que la figure 11 représente grossie. Les papilles sont internes.

Fig. 1. — Etamine vue par devant. — (f) filament. — (an) anthère. — (th) *theca*.

Fig. 3. — La même vue par le dos. — (f) filament. — (cv) connectif. — (an) anthère. — (th) *theca*.

Fig. 6. — Grains de pollen trigones, associés par cinq à six, ou isolés, munis de funicules (β) qui les attachent aux placentas des *theca*, et éjaculant un boyau glutineux (α) (1189). Ces grains de pollen isolés ont $\frac{1}{10}$ de millimètre de la base au sommet; le groupe de 5 à $\frac{1}{5}$ de millimètre.

Fig. 10. — Bourgeon infiniment jeune grossi cent fois. Ses deux stipules gemmaires (sti) sont couvertes de poils (pl), et terminées chacune par un stigmatule des mieux caractérisés (sg). Il est des fruits bivalves qui, à cet âge, n'offrent pas une autre structure. Voy. pl. XLVI, fig. 14.

Fig. 13. — Sommité de l'une de ces deux valves gemmaires, à l'époque de la déhiscence du bourgeon. Son stigmatule, si fortement papillaire à la première époque, a pris les caractères du stigmatule de la valve calicinale (pl. XXXIII, fig. 13).

Fig. 12. — Jeunes ovules (ov) attachés à un fragment du placenta (pc); leur stigmatule (sg) commence à se développer en aigrette soyeuse (pl. XXXIII, fig. 15), et offre, à cette époque, une analogie frappante avec le stigmate jeune de l'*Urtica dioïca* (pl. LI, fig. 1, si) (1118).

PLANCHE XXXV.

Fig. 1. — Bouton fort jeune de l'*Œnothera* (ONAGRARIACÉE 1999), dont le calice (c) est clos comme un ovaire, et dont les valves futures sont surmontées chacune d'un mamelon stigmatique (sg).

Fig. 11. — Le même observé à l'époque où il n'a encore que 2 millimètres en longueur. L'ovaire est à peine perceptible; il est réduit à la forme d'un pédoncule

carré. Mais les quatre stigmatules (*sg*), par leur structure intime, leur symétrie et leur mode d'insertion sur le corps du calice (*c*), donnent à cet organe toutes les analogies du stigmate quadrilobé de la fleur (*si*|, fig, 5) (1207).

Fig. *4.* — Calice de la figure 1, dont la panse a été ouverte longitudinalement et par la section d'une valve. On voit que les étamines déjà avancées en formation y sont rangées autour du style, comme le seraient les ovules autour d'un *placenta*. Or, à l'âge de la figure 11, le stigmate (*si* fig. 5) est agglutiné au sommet de la voûte calicinale, et il occupe toute la capacité du calice ; en sorte que chacun de ses lobes forme une cloison d'un ovaire quadriloculaire, dans lequel les ovules ne seraient pas encore développés, comme on l'observe sur les vrais ovaires très jeunes, à l'époque où ils n'ont que 5 millimètres de long (fig. 9).

Fig. 9. — Car on voit qu'à cet âge les cloisons (*ds*), qui un jour seront aussi placentas (*pc*), s'offrent comme une section transversale du stigmate (*si* fig. 5), qui se serait agglutiné aux quatre faces du calice ; et dans les quatre interstices qui doivent devenir des loges, les cellules superficielles du placenta ne se développent en ovules que plus tard. — (*d*) indique le point de la déhiscence.

La figure 10 offre la même tranche prise sur un ovaire plus avancé en développement. Les ovules s'y sont développés ; la substance des cloisons s'est épuisée et amincie, ou plutôt elle a été refoulée par celle du péricarpe (*ds*), jusqu'au centre où elle ne sert que de placenta (*pc*). Les loges (*l*) se sont arrondies dans ce mouvement. Les angles (*ds*) se sont prononcés avec symétrie, et par conséquent aussi les sutures de la déhiscence (*d*) (494).

Fig. 15. — Ovule non fécondé, grossi cent fois. — (*fn*) funicule. — (*sg*) stigmatule ou fausse perforation.

Fig. 5. — Appareil sexuel extrait du jeune bouton encore clos (fig. 4). — (*pa*) pétales rudimentaires qui jouent alors, à la base des huit étamines, le rôle des écailles staminifères des Graminacées. — (*sm*) étamines jeunes, dont les anthères (*an*) ne sont dessinées que par du tissu cellulaire. — (*si*) stigmate énorme et qui dépasse à peine les anthères (406).

Fig. 2. — Le même appareil plus avancé en âge, et observé quelques jours avant l'épanouissement. Les huit anthères (*an*) ont pris tout leur développement ; au moindre effort, le pollen trigone (*pn*) en sort embarrassé dans le gluten aranéeux, qui forme le tissu cellulaire interne du *theca* ; et cependant le filament est encore fort court ; les quatre pétales (*pa*) s'enveloppent mutuellement à leur base, de la même manière que les deux paillettes (*pe*) enveloppent l'appareil sexuel de l'*Anthoxanthum* (pl. xix, fig. 12). Le pollen (*pn*) a $\frac{1}{7}$ de millimètre.

Fig. 3. — A un âge plus avancé, le pétale (*pa*) dépasse déjà les étamines. On voit comment les étamines s'insèrent par leurs filamens (*f*), l'une devant le pétale et l'autre entre deux pétales, sur le long tube calicinal, et au point où ce tube engendre à la fois et les sépales ou divisions calicinales et les pétales. Les pétales continuent leur développement, et forcent, par leur expansion, les sépales à se séparer (fig. 6 s).

Fig. 6. — Le stigmatule du calice (fig. 1, 11, sg) résiste long-temps à l'effort que font les pétales (pa), pour opérer la déhiscence des sépales (s). Ce stigmaticule subsiste avec la ténacité de certains vrais stigmates. — (tu) tube calicinal qui s'insère sur le fruit (r) quadrangulaire, lequel nait immédiatement de l'aisselle d'une feuille.

Fig. 7. — Disposition relative des ovules (ov). I!s se pressent comme des cellules ; et, s'ils restaient agglutinés dans cette position, par leurs parois externes, ces organes reproducteurs seraient incrustés ; et l'on dirait alors que ce fruit se reproduit par des *scions* et non de graines. Ces graines, en mûrissant, conservent la forme que leur a communiquée leur compression mutuelle.

Fig. 15, 14. — Graines mûres ayant en longueur 1 millimètre, et ½ millimètre en épaisseur.

Fig. 12. — Les mêmes coupées longitudinalement, pour montrer la position de l'embryon qui en occupe toute la capacité. — (rc) radicule. — (cy) deux cotylédons planes.

Fig. 8. — Aiguilles de phosphate de chaux, que l'on retrouve dans tous les tissus jeunes de la fleur de l'*OEnothera*, ainsi que dans le pollen de l'*Epilobium*.

Fig. 16. — Lorsque le fruit s'est dépouillé du tube calicinal qui le surmonte, ainsi que du style qui le termine, il offre à son tour, comme quatre lobes stygmatiques, qui ne sont que le prolongement de chacune de ses valves, lesquelles débordent de jour en jour, en se développant, le point d'insertion du tube calicinal.

Fig. 17. — Foliation en spirale par quatre de l'*OEnothera*. Les feuilles (fi) vont en décroissant, en montant le long de la tige (cl) ; mais à la sommité elles se rapprochent tellement, et se soudent si intimement par la base, qu'elles imitent à leur tour le quadruple stigmate du fruit ; elles sont réduites alors à la forme de quatre lobes papillaires (g) (1208).

N. B. Le stigmate (*si* fig. 5) ayant toutes ses papilles externes, ses lobes restent redressés pour que les papilles soient en contact immédiat avec le pollen qui s'échappe des anthères ; tandis que les papilles du stigmate de l'*Epilobium* (pl. xxxiv, fig. 11) étant internes, les quatre lobes se réfléchissent en corolle en dehors dans le même but.

PLANCHE XXXVI.

Fig. 1. Fleur du *Medicago* (LÉGUMINACÉE 1866). — (fl) follicule de l'aisselle duquel sort la fleur — (c) calice à cinq dents. — (vx) pétale qui prend le nom d'étendard chez ce type de fleur.— (*aa*) deux pétales latéraux qui prennent le nom d'ailes.—(*cr*) quatrième pétale qui prend le nom de *carène*. La figure 8 représente à part une des deux ailes, et la figure 9 représente la carène. On peut considérer celle-ci comme étant la réunion de deux pétales distincts (α) par leurs bords respectifs, qui en formeraient ainsi la nervure médiane (β); de cette manière, la corolle serait quinaire. En considérant la ca·rène comme provenant d'un seul et unique développement, la corolle se rapprocherait déjà du type du légume, qui est binaire.

Fig. 10. Tube de neuf étamines, qui ne détachent leurs filamens qu'à la hauteur (*f*); le tube reste fendu sur un côté.

Fig. 11. Dixième étamine isolée, qui se trouve placée juste à la commissure du tube, et complète ainsi le verticille de 10 organes. Cet appareil entoure le pistil.

Fig. 3. Jeune pistil. — (*o*) ovaire. — (*sy*) style. — (*si*) stigmate auquel adhèrent les grains de pollen (*pn*).

Fig. 2. Fruit parvenu à sa maturité. — (*c*) calice persistant, la corolle étant caduque. — (*pc*) placenta sutural. — (*sy*) trace de style.

Fig. 12. Le même ouvert. — (*pp*) paroi réticulée du péricarpe. — (*pc*) placenta double, portant une rangée d'ovules de chaque côté (*ov*), dont quatre avortent régulièrement, en sorte que le légume reste court et uniovulé. — (*sy*) trace du style. A la maturité, les deux placentaires (*pc*) se dessoudent, comme la suture qui leur est opposée.

Fig. 4. Graine mûre. — (*h*) hile.

Fig. 5. Embryon recourbé dans la graine mûre. — (*rc*) radicule. — (*cy*) cotylédons vus par la surface dorsale de l'un d'eux.

Fig. 6. Le même plus jeune, et encore emprisonné dans le périsperme (*al*) qu'il épuise en se développant.

Fig. 7. Embryon à l'âge le plus tendre; il n'a pas encore pris un développement assez grand pour être forcé de se courber. — (*rc*) radicule. — (*cy*) cotylédon.

Fig. 16, 17. Type des Acacias (Léguminacée 1699). Le calice (*s*, *c*) est extrêmement petit, mais à cinq divisions. La corolle (*co*) est à cinq pétales valvaires dans la préfloraison (fig. 18). Les étamines arrivent à un multiple très élevé de 10. En admettant que la corolle des vraies Léguminacées (fig. 1) est quinaire, la fleur des Acacias pourrait en être considérée comme l'état normal. Autrement les acacias devraient former une famille distincte; et il est des familles que l'on sépare à de grandes distances, sur des caractères moins tranchés.

Fig. 19. Un bout de rameau d'Acacia, montrant que les fleurs ici sont aussi bien axillaires que sur les espèces à grandes dimensions; on distingue, en effet, déjà à la loupe, les follicules (*f*) que la figure 20 représente grossis cent fois.

Fig. 13. Type d'Ombellacée (1975), pris sur un *Angelica* des Pyrénées. — (*pd*) pédoncule — (*o*) ovaire infère, biloculaire, biovulé. — (*pa*) cinq pétales. — (*sm*) cinq étamines, insérées comme les pétales, avec lesquels elles alternent, autour d'un nectaire. — (*sy*) les deux styles. On voit à côté de cette figure la tranche transversale du fruit. — (*l*) les deux loges. — (*α*) cinq côtes sur chaque loge. — (*β*) vaisseau qui se trouve sur les interstices des côtes, comme sur chacune des côtes. Il est rougi par une huile essentielle.

Fig. 14. Autre type d'Ombellacée. Le fruit (*o*) n'est marqué que de petites papilles; les pétales (*pa*) sont simples, concaves et presque triangulaires. — (*ov*) ovule suspendu au sommet d'une loge ouverte. — (*si*) stigmates. — (*an*) anthères didymes, apiculaires (146, 9°) — (*f*) filament qui les supporte.

Fig. 15. Ombelle réduite à sa plus grande simplicité. — (*fl*) trois follicules qui composent tout l'involucre (*inv*), et de l'aisselle de chacun desquels naît un rameau. Il est des espèces dont l'ombelle arrive à posséder jusqu'à cinquante rameaux. — (*in*) inflorescence terminale formée sur le type de l'inflorescence générale, ayant son ombellule et son involucelle, diminutifs de l'ombelle et de l'involucre. Les rameaux de l'ombellule se terminent par une fleur. — (*pf*) préfloraison des pétales de la fleur (fig. 14).

PLANCHE XXXVII.

Fig. 2. Fleur épanouie du *Passiflora alba* (Passifloracée 1946). — (*s*) cinq sépales, avec leur stigmatule devenu un long onglet. — (*pa*) cinq pétales. — (*sl*) staminules formant un tube qui engaîne le tube des étamines, lequel engaîne le tube des quatre stigmates (*si*). La fleur est vue de grandeur naturelle.

Fig. 1. Appareil des tubes staminulifères (*sl*), et du tube (*tu*) staminifère. — (*an*) anthères des cinq étamines. — (*si*) stigmates des quatre styles. Entre le tube (*y*) et le tube (*tu*), il s'en trouve deux autres qui ne sont bordés que de staminules rudimentaires (*α, β*).

Fig. 4. Une des étamines détachée du tube et grossie à la loupe. — (*f*) filament qui s'insère perpendiculairement, sur la longueur dorsale de l'anthère (*an*) et latéralement sur sa surface.

Fig. 3. Grains de pollen composés de plusieurs compartimens, qui s'éloignent les uns des autres, dans l'effort de l'éjaculation. Chacune de ces grandes cellules peut être considérée comme un grain de pollen muni d'un test corné, et associé à ses congénères par un tissu cellulaire élastique. Le boyau glutineux sort de chacun d'eux.

Fig. 5. — Bouton non encore tout-à-fait éclos. — (*cl*) tige. — (*c 1*) premier calice distant et à trois follicules. — (*c 2*) deuxième et vrai calice composé de cinq sépales surmontés d'un long onglet (*s*). — les stigmates (*si*) commencent à sortir hors de la fleur.

Fig. 6. — Ovule qui se féconde en appliquant la surface de son stigmatule (*sg*) contre le funicule (*fn*), lequel a reçu la fécondation du placenta. — (*vu*) panse de l'ovule (1131).

Fig. 7. — Coupe transversale vue à la loupe du jeune ovaire. — (*pc*) placentas dont l'un a une tendance à se dédoubler, tendance expliquée par le nombre quaternaire des styles. — (*ep*) épiderme. — (α) substance qui est destinée à s'oblitérer par le progrès du développement. — (β) réseau vasculaire qui survivra à la décomposition de son parenchyme. La tranche transversale du fruit présentera alors la configuration suivante (fig. 8).

Fig. 8. — Les mêmes organes sont marqués des mêmes lettres que sur la figure 7; celle-ci est vue de grandeur naturelle. — (*l*) loge unique. — (*pc*) placentas moins considérables proportionnellement que sur la figure 7. — (*ov*) ovules sur quatre rangs. — (*ep*) épiderme. — (α) interstices cellulaires qui se sont oblitérés. — (β) vaisseaux qui ont survécu, et unissent, comme par des brides, l'endocarpe qui supporte les placentas (*pc*), avec l'ectocarpe épais et cotonneux (1109). La figure 1, pl. XXXVIII, complète l'explication.

PLANCHE XXXVIII.

Fig. 1. — Fruit mûr du *Passiflora alba*, supporté par un long pédoncule, qui le hisse hors des enveloppes florales comme le fruit des Euphorbes (pl. XXI). — (*c*) premier calice. — (*pd*) pédoncule du fruit. — (*pp*) péricarpe composé de deux couches distinctes, et pour ainsi dire cousues entre elles. — (α) endocarpe pelliculeux comme la membrane qui tapisse les parois internes de la coquille de l'œuf. — (β) ectocarpe épais et cotonneux qui tient, par des brides vasculaires, à l'endocarpe. Les ovules sont disposés dans l'intérieur de ce fruit, comme dans un fruit de Cucurbitacée.

Fig. 2. — Ovule de grandeur naturelle pour faire ressortir, par le fond noir, l'arille (*ai*) qui l'enveloppe, et que le test commence à perforer au sommet (1141).

Fig. 3. — (*pd*) pédoncule de la fleur du *Datura* (Pomme-épineuse) (Solanacée 1994), sur lequel le type quinaire se marque déjà par cinq vaisseaux, d'où émanent les cinq sépales.

Fig. 6. — Fruit mûr opérant sa déhiscence en quatre valves (*vl*). — (*ds*) cloison qui correspond à la suture de la valve. Il y en a quatre semblables; deux, opposées, n'arrivent pas jusqu'au sommet; on en voit une sur la face ouverte; en sorte que si l'on prenait la tranche transversale (fig. 5) au sommet, le fruit serait biloculaire au lieu d'être quadriloculaire. — (*pp*) péricarpe ou substance des valves. — (*pc*) placentas couverts d'ovules parvenus déjà à l'état des graines (*gr*). Une partie du placenta gauche a été égrénée exprès pour en montrer la surface.

FIG. 5. — Coupe transversale d'un jeune fruit. Il est quadriloculaire. Sa columelle n'est pas placentaire (*cm*). — Les placentas (*pc*) sont proéminans, en fausses cloisons, et s'insèrent de chaque côté sur la cloison par laquelle passe le même diamètre du fruit. Chacun d'eux, tapissé d'ovules sur les deux faces, se replie en dedans en se développant.

FIG. 4. — Coupe longitudinale de la graine. — (*al*) périsperme corné. — (*rc*) radicule.—(*cy*) cotylédons de l'embryon recourbé, de manière que la radicule est supère et le fruit pendant (1163).

N. B. Nous avons choisi de préférence ce gros fruit, non seulement afin de rendre plus pittoresque la démonstration du développement de la glande en ovaire (493), mais encore afin de donner une idée plus claire de la structure du fruit des Solanacées, dont la plupart des espèces *à baie* se prêtent moins facilement à la description.

PLANCHE XXXIX.

FIG. 1. — Fleur de l'*Ipomœa coccinea* (CONVOLVULACÉE, 1993) de grandeur naturelle. — (*in*) inflorescence en spirale par cinq. — (*tu*) tube de la corolle monopétale, entouré à sa base par cinq sépales en spirale, et terminé par un limbe (*lm*) plissé sur les espaces (β), de manière que, dans la préfloraison (fig. 5 et 9) ou le sommeil de la fleur (1652), les cinq portions (α) sont unies comme des pétales valvaires.

FIG. 2. — Limbe de la même fleur vu par la gorge; les mêmes lettres indiquent les mêmes plis (419).

FIG. 3. — État de sommeil de la même corolle (*co*), pendant lequel les plis (α) sont les seuls visibles.

FIG. 4. — Calice clos (*c*) par le rapprochement de ses cinq sépales, tous terminés par un long stigmatule.

FIG. 5. — Tranche longitudinale d'une graine encore jeune. L'embryon (pl. XL, fig. 14) y est à peine courbé. Il a déjà rendu laiteux, et non colorable en bleu par l'iode, tout l'espace blanc dans lequel ses cotylédons (*cy*) se trouvent plonges ; la portion ponctuée du périsperme (*al*) est encore féculente, et se colore au moins en violet par l'iode. — (*rc*) radicule de l'embryon. — (*h*) hile par lequel la graine est attachée au placenta basilaire de l'ovaire. — (*tt*) épaisseur du test (1155).

FIG. 6. — Graine voisine de la maturité. Les cotylédons (*cy*) s'y sont chiffonnés à force de se développer dans la capacité d'un test stationnaire, et de refouler devant eux le périsperme (*al*), dont ils ont absorbé et décomposé à leur profit la substance. —

(*h*) hile. — (*tt*) test. Le cotylédon extrait à cet âge de la graine, et observé par le dos, se présente avec l'aspect de la figure 15, pl. XL.

FIG. 8. — Graine mûre et entière du *Convolvulus sibiricus* vue à la loupe. — (*h*) hile. Le test est couvert de grosses glandes comme furfuracées (1166).

FIG. 7. — Test de la même graine observé au grossissement de cent fois. Les glandes (*gl*) s'insèrent sur une couche de cellules épuisées, transparentes (*ce* 1), que tapisse une couche de cellules également aplaties et épuisées, mais opaques et noires par réfraction (*ce* 2). Celle-ci enfin est tapissée par une couche à cellules comme spiraligères (*ce* 3), qui réfractent la lumière avec tous les phénomènes des anneaux colorés. Les glandes (*gl*), remplies d'une huile essentielle concrète, n'offrent pas la moindre trace d'organisation plus interne. Elles ne semblent posséder qu'une vésicule.

FIG. 9. Préfloraison de la fleur de l'*Ipomœa coccinea*, marquant l'ordre d'alternation des sépales et des étamines, qui s'insèrent sur le tube de la corolle, avec lesquelles alterneraient les loges du fruit, si celui-ci était quinaire.

N. B. Voyez les figures de la planche suivante, qui complètent l'analyse des Convolvulacées.

FIG. 10. Coupe transversale de la capsule quinaire et quinqueloculaire de l'*Oxalis corniculata* (pl. XL) (OXALIDACÉE, 2030). — (*cm*) columelle contre laquelle s'insèrent les cinq loges (*l*), par la portion seule de leur placenta, et dont les parois désagglutinées laissent un interstice (*int*) entre elles.

FIG. 11. Tube (*tu*) staminifère de l'*Oxalis*, à dix étamines (*sm*) alternativement inégales, ce qui indique que primitivement cet appareil est composé de deux verticilles. — (*an*) anthères. — (*f*) filament.

FIG. 12. Mode d'insertion des trois folioles (*fi*) irritables de l'*Oxalis* sur le pétiole (*pi*) — (*α*) tubérosité qui est comme la portion musculaire et contractile de ces organes (1605).

PLANCHE XL.

FIG. 1. Bourgeon foliacé (*g*) de l'*Oxalis corniculata* (OXALIDACÉE, 2030), observé à l'époque où tous ses organes sont repliés les uns sur les autres, et où la page inférieure des folioles (*fi*) est la page éclairée (1595). — (*α*) stipules. A cet âge, toutes les surfaces sont couvertes de poils limpides, qui tomberont et les laisseront lisses, par un développement ultérieur (fig. 12, pl. XXXIX).

FIG. 2. Jeune pistil entouré d'un tube staminifère, dont les étamines (fig. 5) affectent plusieurs longueurs. — (*si*) stigmates épaissis, lisses et courts à cet âge.

FIG. 5. Pistil isolé et vu à la loupe, long-temps après la fécondation. — (*o*) ovaire quinquecapsulaire (pl. XXXIX, fig. 10). — (*sy*) cinq styles libres et velus. — (*si*) stigmates en petites têtes papillaires.

Fig. 4. Ovule pris long-temps après la fécondation , avec son funicule vois'n de son stigmatule, et opposé à l'hétérovule qui est à peine développé (*hov*) (4157). L'ovule est vu à la loupe.

Fig. 6, 8. Deux âges différens de l'ovule (*ov*) pris long-temps avant la fécondation. — (*fn*) funicule. — (*sg*) stigmatule. — (*hov*) hétérovule. Ils sont gross's cent fois.

N. B. Les figures suivantes continuent l'analyse des Convolvulacées de la planche xxxixe.

Fig. 7. Sommité d'étamine du *Convolvulus sepium*, — (*th*) *theca* opérant sa déhiscence.

Fig. 10. Stigmates (*si*) bifides , inféres , c'es:-à-dire à papilles placéas sur la face inférieure des deux expansions. — (*sy*) sommité du style.

Fig. 9. Stigmate capitulé de l'*Ipomœa coccinea* (pl. xxxix). Il se compose de petites sphères , disposées en spirale, sur chacune desquelles on observe des petites papilles également disposées en spirale (4095).

Fig. 11. Plis d'une jeune corolle d'*Ipomœa coccinea*. — (*α*) pli externe pendant la préfloraison ou le sommeil de la fleur. — (*β*) pli interne. Le mécanisme de ces mouvemens est suffisamment indiqué par la structure vasculaire des deux sortes de plis (pl. xxxix, fig. 4 et 2).

Fig. 12. Ovaire (*o*) de l'*Ipomœa* appuyé sur un nectaire (*n*) ou articulation, dont les pièces ont avorté, et qui , en se développant, ou bien aurait donné à l'organisation florale un nouveau verticille de nom quelconque , ou bien aurait déterminé la formation de l'ovaire un cran plus bas (4194).

Fig. 15. Embryon extrait de la graine du *Convolvulus sepium* parvenue à sa maturité. — (*rc*) radicule. — (*cy*) cotylédons qui ont été forcés de se chiffonner et de se repl'er sur eux-mêmes, en se développant indéfiniment dans la capacité d'un test stationnaire (pl. xxxix , fig. 5).

Fig. 14. Embryon très jeune de l'*Ipomœa mil*, et dont les cotylédons (*cy*) n'ont pas encore pris un développement assez considérable , pour être forcés de se replier sur eux-mêmes. — (*rc*) radicule. Il est vu à un plus fort grossissement que sur la figure 15 (4155).

Fig. 16. Un des deux cotélydons, au simple trait, du *Convolvulus sepium*, pour en montrer la vascularité. — (*pi*) court pétiole.

Fig. 15. Ovaire de l'*Ipomœa mil* ouvert par les valves, pour montrer deux des trois loges (*l*), au fond de l'une desquelles on aperçoit l'empreinte de l'insertion de l'ovule. La loge contiguë reste stérile; et l'ovaire triloculaire finit par n'être que biovulé. — (*sy*) partie inférieure du style.

Fig. 17. Ovaire décalotté du *Convolvulus sepium* à deux loges biovulées (*ov*); l'une des deux cloisons ayant avorté.

Fig. 18. Ovaire de l'*Ipomœa hederacea* vu par la même préparation, triloculaire, à loges biovulées. Une des quatre loges a avorté.

Fig. 19. Ovaire de l'*Ipomœa coccinea* quadriloculaire, à loges uniovulées (*ov*), ce qui est le type normal du fruit de cette famille (1097).

PLANCHE XLI.

Fig. 1. Jeune bouton encore clos de la fleur (fig. 12) de l'*Impatiens balsamina* (BALSAMINACÉE 2035). — (*s*) un des deux sépales opposés, sur lequel on remarque un éperon rudimentaire (*ca*). — (*pa*) les deux pétales opposés, dont l'un est déjà muni d'un éperon (*ca*), sur la surface duquel on en remarque un autre rudimentaire (1215).

Fig. 2. Bouton bien plus jeune, dont les sépales (*s*) ont presque les dimensions des pétales, et affectent, par leurs stigmatules, l'aspect le plus complet du stigmate non fécondé du pistil (fig. 4) (1210).

Fig. 3. Bouton plus âgé que le précédent, mais moins âgé que celui de la figure 1re. — (*fl*) follicule dans le sein duquel est née la fleur. — (*s*) sépale peu distinct. — (*pa, pa*) deux pétales opposés, dont l'un porte déjà le rudiment d'un éperon (*ca*) qui, à cet âge, a tout l'air d'un organe produit par la piqûre d'un insecte. Toutes ces surfaces sont recouvertes de pilosités articulées et colorées, que la figure 19 représente grossies cent fois.

Fig. 5. Bouton voisin de l'épanouissement, sur lequel on remarque les deux sépales opposés (*s*), aussi bien éperonnés (*ca*) que les deux pétales (*pa*) qui les croisent.

Fig. 4. Sommité grossie cent fois du pistil (fig. 14) à l'âge le plus tendre. Le stigmate est quadrilobé et offre la même structure, que le jeune bouton de la fleur (fig. 2), avec les stigmatules papillaires de ses deux sépales et de ses deux pétales.

Fig. 6. — La même sommité (*si*) ayant perdu toutes les traces de sa primitive organisation, à la maturité, et alors que les cinq valves du fruit (*vl*) sont sur le point de se dessouder.

Fig. 7. — Fruit parvenu à sa maturité complète; les cinq valves se séparent avec explosion et se roulent sur leur face intérieure (*vl*) comme par un mouvement animé. — (*si*) stigmate oblitéré. — La coupe transversale du fruit se trouve à côté. — (*l*) cinq loges pluriovulées. — (*ds*) cinq cloisons. — (*d*) déhiscence par chaque suture. — (*vl*) valves qui se détachent, en sorte que le fruit reste avec sa columelle et ses cinq cloisons, les graines étant jetées au loin par l'effet de la brusque déhiscence des valves. .

Fig. 8. — Pétale éperonné (*ca*) de la fleur épanouie, vu de grandeur naturelle.

Fig. 9. — Appareil staminifère jeune, dépouillé de ses anthères. Les filamens (*f*) forment une saillie en dehors et une saillie en dedans. C'est sur la saillie externe que s'insèrent les anthères (*an*). Les cinq saillies internes se collent sur le stigmate (*si*). Il est évident que cette forme est l'empreinte des lobes inférieurs des anthères, comme cela arrive sur les écailles impressionnées des Graminacées (405).

Fig. 10. — Le même appareil avec ses anthères qui commencent à opérer, à leur sommet, leur déhiscence prématurée (*pn*), par l'effet de la dessiccation. — (*f*) corps des filamens à peine distincts au sommet. — (*an*) anthères agglutinées tellement par leurs bords correspondans, que les deux theca de la même anthère sont plus distincts l'un de l'autre que les deux anthères elles-mêmes.

Fig. 11. — Même appareil plus avancé en âge. — (*f*) filamens qui se sont allongés, et que le développement du pistil (*pt*) a rendus plus distans. — (*an*) cinq anthères agglutinées entre elles, et qui recouvrent le pistil d'une calotte indéhiscente, mais marcescente (571).

Fig. 12. — Fleur épanouie et de grandeur naturelle. On y remarque quatre pièces opposées-croisées, dont les deux ombrées (*pa, pa ca*) étaient seules visibles dans la préfloraison (fig.1). Les deux autres, qui croisent celles-ci, peuvent être considérées comme les deux vrais pétales, non seulement à cause de l'irrégularité de leurs contours, mais encore à cause des anthères rudimentaires (*sl*), que l'on rencontre fréquemment dans leur substance (397). (Voy. fig. 3, pl. XXII, α). La division de chacun de ces pétales, en deux grands lobes, fendus presque jusqu'à la base, donne un nouveau poids à la manière dont nous avons envisagé les rapports des pétales des Cruciféracées (1968), qui, quoiqu'au nombre de quatre, pourraient bien appartenir à une seule articulation.

Fig. 14. — Jeune pistil débarrassé des organes floraux, caduques et marcescens. — (*pd*) pédoncule qui s'est développé avec la fleur. — (*s*) les deux sépales persistans. — (*o*) panse de l'ovaire couvert de poils articulés (fig. 19), que nous avons remarqués sur la surface de tous les jeunes organes (fig. 5). — (*sy*) style gros et tubéreux. — (*si*) stigmate à peine visible.

Fig. 17. — Jeune ovule (*ov*). — (*fn*) funicule.

Fig. 16. — (*gr*) Corps de la graine à test réticulé, et marqué de glandes disposées en quinconce, parce qu'elles sont disposées en spirale (766).

Fig. 13. — Embryon qui remplit la capacité de la graine. — (*rc*) radicule à peine distincte. — (*cy*) un des deux cotylédons vu par sa surface dorsale, et marqué sur le bord de quatre empreintes vasculaires.

Fig. 15. — Coupe longitudinale de la graine. — (*tt*) test. — (*rc*) radicule. —

(*cy*) cotylédons tranchés perpendiculairement à leur double surface. On remarque sur chacun d'eux les orifices de quatre organes vasculaires, qui correspondent aux quatre empreintes superficielles de la figure 13. Ce sont les nervures cotylédonnaires.

FIG. 18. — Pollen mûr observé à sec; on le dirait infiltré d'air, tant il s'affaisse sur le porte-objet, par suite de la mollesse de ses tissus. Il a $\frac{1}{71}$ sru $\frac{1}{7}$, de millimètre.

FIG. 20. — Pollen plus jeune, et à différens âges, observé à un plus fort grossissement. — (ε) tissu cellulaire glutineux du *theca*. — (δ) aiguilles de phosphate de chaux (pl. xxxv, fig. 8). — (γ) grains de pollen, dans le sein desquels les spires naissantes affectent diverses apparences, jusqu'à celle d'une croix. — (β) pollen plus âgé, dans le sein desquels les tours de spire se sont déjà granulés (612).

FIG. 19. — Poil grossi cent fois, qui recouvre les surfaces de cinq jeunes organes de cette plante (fig. 3, 14). — (β) articulations dans le sein desquelles on observe distinctement les tours de spire. — (α) articulations remplies d'une substance colorante d'un beau carmin. C'est un poil digité (672).

FIG. 21. — Graine mûre de l'*Impatiens noli tangere*, dont le test est couvert par des séries en chapelets de petites glandes sphériques (pl. xxxix, fig. 8).

PLANCHE XLII.

FIG. 1. — Fleur de grandeur naturelle du *Periploca angustifolia* (plante intermédiaire entre les Apocinacées (1985) et les Asclépiadacées (1986). — (*pa*) pétales.

FIG. 2. — La même grossie à la loupe. Les pétales (*pa*) ont été coupés par le milieu, pour que la figure occupe moins de place. — (*sm*) appareil staminifère, dont les pièces sont plutôt rapprochées que soudées. — (*sl*) staminules purpurins en forme de cornes recourbées qui tiennent à la corolle, avec les divisions de laquelle elles alternent, et nullement au corps staminifère. — (β) cavité creusée dans la substance du pétale. — Le pétale est bilobé comme une anthère ordinaire, dont les grains de pollen restant agglutinés, manif steraient seulement leur présence par la coloration purpurine, qu'ils imprimeraient aux enveloppes qui les recouvrent.

FIG. 15. — Fragment d'une jeune corolle étudiée avant la perfloraison. — (*sl*) staminules violets et blancs au sommet, qui commencent à se développer en droite ligne. — (β) espaces intermédiaires qui annoncent, par leur coloration, un organe staminifère avorté, ou le connectif, dont le pétale (*pa*) serait l'anthère avortée. C'est en dessous de ces espaces (β) que s'insèrent les étamines. On y observe la cicatrice du filament que nous avons coupé.

FIG. 9. — Calice jeune du *Periploca* à cinq sépales caduques (α), et cinq corps glanduleux persistans (β), qui correspondent aux staminules (*sl*) de la corolle (fig. 2); si la corolle s'était transformée en corps staminifère, le calice aurait fourni une corolle, par le développement des corps glanduleux (β). On voit au centre la coupe transversale du fruit biloculaire, avec ses ovules insérés de chaque côté sur le placenta columellaire.

FIG. 4. — Jeune pistil dépouillé de ses enveloppes florales. (*pd*) pédoncule. — (*o*) panse des deux ovaires. — (*sy*) style bicannelé. — (*si*) stigmate réfléchi en chapeau de champignon et pentalobé, ce qui indique que primitivement le fruit était quinaire. C'est le stigmate qui s'oppose à la désagglutination des deux loges du fruit.

FIG. 5. — Les deux loges du fruit désagglutinées après la chute du stigmate, et formant alors comme deux fruits séparés. — (*c*) calice composé des cinq corps (β) de la figure 9. — (*in*) inflorescence opposée-croisée. — (*cl*) tige. — (*fi*) fragment de feuille. — (*g*) gemme axillaire.

FIG. 3. — Coupe transversale d'une loge du fruit précédent. — (*l*) loge. — (*pc*) placenta à plusieurs rangs d'ovules.

FIG. 8. — Jeune anthère. (*f*) filament à peine visible qui s'insère à la base de l'organe (β) de la figure 13. — (*th*) *theca* qui ne sont encore que deux cellules enflées par le tissu pollinique formant comme les deux lobes d'une feuille grasse.

FIG. 10. Appareil staminifère des cinq étamines collées sur le stigmate (fig. 4 *si*), mais non agglutinées comme dans les *Asclépiadacées*. — (*cn*) connectif plus large que les deux *theca* (*th*) ensemble.

FIG. 11. Une de ces cinq étamines, à l'époque de la déhiscence de ses deux *theca* (*th*), qui ont pris, comme on le voit, un développement prononcé. — (*f'*) petit filet qui supporte la masse pollinique (*pn*) (1180).

FIG. 12. Fragment de cette masse pollinique. Elle se compose de pollens tricapsulaires, emprisonnés par un tissu cellulaire glutineux; chaque grain a $\frac{1}{4}$ sur $\frac{1}{7}$ de millimètre (1190).

FIG. 7. Jeune bouton d'*Asclepias mexicana*. — (*s*) sépales séparés. — (*co*) cinq pétales qui sont clos, soudés entre eux et colorés exactement comme les cinq étamines de la fleur de la même plante (pl. XLIV, fig. 3 *sm*); ils forment un stigmatule (*sg*), que le progrès des organes sexuels parvient à diviser par le sommet.

FIG. 6. Appareil vasculaire extrait du stigmate de l'*Asclepias mexicana* et du *Periploca*. — (*va* β) est le vaisseau principal, analogue à la tige, dont les vaisseaux secondaires (*va* α) sont les rameaux rudimentaires disposés en spirale. Les spires intérieures se dessinent sur la surface, par des empreintes ombrées, que la physiologie académique aurait prises pour des fentes (649).

PLANCHE. XLIII.

Fig. 1. Fleur d'*Apocynum androsæmifolium* (APOCYNACÉE 1985). — (*c*) calice. — (*co*) corolle campanulée purpurine.

Fig. 6. Corolle étalée. — (*sm*) cinq étamines alternes avec les divisions de la corolle, sur laquelle elles sont soudées, et avec cinq staminules triangulaires, trinerviés, (*sl α*) à peine développés, qui correspondent aux corps (*sl*) de la fig. 13, pl. XLII.

Fig. 5. Une étamine détachée et grossie, vue par devant. — (*th*) *theca* dans lequel le pollen (*pn*) est agglutiné en tissu cellulaire. — (*α*) filament aplati, trilobé au-dessus de son point d'insertion.

Fig. 7. La même vue par la surface qui est appliquée contre la corolle.

Fig. 10. Calice à cinq sépales (*s*), au centre duquel on voit les insertions de la corolle pentagone, alternant avec les sépales, et celle du fruit biloculaire.

Fig. 13. Coupe transversale prise un peu plus bas et plus grossie. On y distingue la disposition biloculaire du fruit, par deux croissans ligneux, entourés d'une rangée de points.

Fig. 12. Fruit jeune. — (*sl*) cinq petits staminules glanduliformes. — (*sy*) style fort court. — (*si*) stigmate.

Fig. 5. Fleur de l'*Asclepias frutescens* (ASCLÉPIADACÉE 1986), dont la corolle (*pa*) est renversée pour laisser voir la disposition des cinq staminules (*sl*) sur le corps staminifère (*α*).

Fig. 11. Un de ces gros staminules fendu longitudinalement, pour faire voir comment il aurait pu se transformer en étamine, par l'isolement des cellules vertes qui rentrent dans l'organisation de la portion centrale.

Fig. 9. Corps staminifère dépouillé de ses cinq staminules, dont on voit une empreinte en (*sl*). — (*α*) connectif par où se fait la déhiscence. — (*β*) theca indéhiscent. On aperçoit, à travers la transparence des parois, les masses polliniques (pl XLIV, fig. 4) prêtes à en sortir (1180).

Fig. 8. Les anthères sont séparables mécaniquement plutôt par leur connectif, que par leur soudure. La figure 8 représente ce mode de séparation. La soudure joue le rôle de connectif jusqu'au sommet (*α*). Le *theca* (*th*) appartient à une anthère, et le *theca* (*β*) à une autre.

Fig. 4. Jeune pistil surmonté de son stigmate pentalobé, dont les lobes alternent avec les anthères. — (*fr*) panse de l'ovaire, à travers les parois duquel se dessinent les ovules. — (*sy*) style double. — (*si*) stigmate.

Fig. 2. Coupe transversale du stigmate pentalobé, au centre duquel s'observe le paquet de vaisseaux, qui communique avec les papilles.

Fig. 21. Anthère très jeune du *Portulaca oleracea* (Portulacée 1955). — (*f*) filament. — (*th*) *theca* à travers lequel on aperçoit les grains de pollen, comme un tissu cellulaire jaune (*ce*). On voit les jeunes grains de pollen (*pn*) adhérens par un hile à la membrane (*mm*), qui formait la paroi du tissu cellulaire (318, 566).

Fig. 19. Fleur ouverte du *Queria canadensis* (Portulacée 1955), le pistil étant enlevé. — (*s*) sépales au nombre de cinq. — (*sm*) cinq étamines; les staminules ne se sont pas développés, ils sont restés à l'état rudimentaire, en une collerette (*co*), qui supporte les étamines et qui remplace la corolle avortée.

Fig. 14. Fruit mûr avec son stigmate (*si*) et son calice persistant (*s*).

Fig. 16. Le même éventré. — (*or*) ovule tenant au placenta basilaire par un long funicule (*fn*). — (*si*) stigmate terminant le style.

Fig. 15. Stigmate grossi cent fois, qui offre distinctement l'organisation ternaire. — (*sy*) style très court.

Fig. 18. Graine à travers le test de laquelle se dessine l'embryon.

Fig. 20. Coupe longitudinale de la même. — (*e*) embryon recourbé dans son périsperme. — (*rc*) radicule. — (*cy*) les deux cotylédons.

Fig. 17. Étamine grossie. — (*f*) filament. — (*an*) anthère didyme.

PLANCHE XLIV.

Les figures 1-8 continuent les analyses des figures 1-13 de la planche XLIII, qui elles-mêmes sont une suite de la planche XLII.

Fig. 1. Section longitudinale de la graine de l'*Asclepias nigra* (Asclépiadacée 1986). — (*tt*) test. — (*al*) périsperme. — (*rc*) radicule. — (*cy*) tranche de deux cotylédons de l'embryon. La partie supérieure est munie d'une aigrette de poils cotonneux que nous avons retranchée.

Fig. 2. Graine entière privée de son aigrette et vue par sa surface convexe.

Fig. 3. La même moins grossie, munie de son aigrette de poils soyeux (*pl*), qui sont tellement agglutinés entre eux, avant la déhiscence, qu'ils semblent ne former qu'une membrane. Ces poils, qui, dans le principe, jouent le rôle de stigmatules (pl. XXXIV, fig. 12 *sg*), sont dirigés, comme la radicule, vers le sommet du fruit.

Fig. 5. Appareil staminifère de l'*Asclepias mexicana*. — (*sl*) cinq staminules alternant avec les cinq étamines (*sm*) qui recouvrent, en se soudant, le stigmate et l'ovaire. — (*cv*) connectif qui est déhiscent. — (*β*) anthères indéhiscentes. — Les étamines, en se soudant au sommet, ainsi que par le mode de leur coloration, reproduisent les caractères de la corolle non éclose de la même fleur (pl. XLII, fig. 42 *sg*).

FIG. 4. Corps pollinique bilobé, dont chaque lobe est logé dans la capacité d'une anthère indéhiscente (*β* fig. 3), et vient, par un élégant filet (*f'*), se réunir à un scutellum (*cn*) ou petit connecticule, qui est logé à la sommité de la fente (*cv*, fig. 3) (519).

FIG. 6. Gros grain de pollen des Malvacées (2027), grossi cent fois. Il est couvert de papilles disposées en spirale, et sa surface laisse échapper dans l'eau une multitude de globules oléagineux. $= \frac{1}{7}$ de millimètre.

FIG. 8. Le même vu à la loupe embarrassé dans le tissu aranéeux, qui provient du déchirement des parois glutineuses du tissu cellulaire, lequel remplit la capacité des anthères de cette famille (pl. XLV, fig. 4 et 5).

FIG. 7. Épiderme qui tapisse la paroi interne de la loge du *Malva erecta*, observé à un grossissement de cent cinquante fois ; la structure en est analogue à celle du tissu qui tapisse les placentas du *Blumenbachia* (pl. XXVII, fig. 1). Il se compose de deux couches de cellules aplaties, dont les interstices se coupent presque à angle droit.

FIG. 9. Graine isolée dans chaque loge (fig. 10) de l'*Althœa* (MALVACÉE 2027). — (*h*) hile — (*cm*) columelle, ou insertion du placenta de la loge sur la columelle. Ces loges (fig. 10) se détachent comme un fruit, par la désagglutination de leurs parois contiguës.

FIG. 11. Appareil staminifère (*sm*) jeune et encore clos, de l'*Hibiscus palustris* fol. XLV, fig. 2 et 9). La corolle (*co*) s'y trouve au même état rudimentaire que nous avons eu occasion d'observer sur la fleur des Onagrariacées (pl. XXXV, fig. 5). A cette époque, l'appareil staminifère offre les plus grandes analogies avec le fruit pluriloculaire, ou plutôt pluricoccé du *Kitaibelia vitifolia* (fig. 12). Les anthères, disposées sur cinq pièces, jouent le rôle des loges de ce fruit pentalobé à la base, loges rangées sur deux rangs par chaque lobe (1184).

FIG. 12. (*sy*) styles. — (*fr*) fruit dont les loges saillantes, uniovulées, sont disposées sur dix rangs, et forment cinq lobes. — (*c 1*) cinq sépales du calice inférieur. — (*c 2*) cinq sépales du calice supérieur, alternes avec les sépales de l'inférieur.

FIG. 13. *Lavatera trimestris* (MALVACÉE, 2027). — (*fi*) feuilles en spirale par cinq autour de la tige (*cl*). — (*c 1*) calice inférieur. — (*c 2*) calice supérieur. — (*fr*) loges uniovulées, rangées en spirale, sous une articulation ou nectaire supère qui les couvre en forme de chapeau. Le style (*sy*) s'insère au centre de ce nectaire (1100).

Fig. 44. Sommité avortée de tige, considérablement grossie. Les feuilles sont restées à l'état de glandes (527).

PLANCHE XLV.

Fig. 1. Fleur du *Malva asperrima* (2027) de grandeur naturelle. — (*pd*) pédoncule. — (*s*) sépales au nombre de cinq. — (*pa*) pétales au nombre de cinq, ou plutôt cinq divisions pétaloïdes de la corolle, qui fait corps à la base avec le tube staminifère.

Fig. 3. Fleur du *Lavatera trimestris* vue en dessous. — (*s*) cinq sépales du second calice, le plus inférieur n'en ayant que trois, alternes avec eux. — (*pa*) cinq divisions pétaloïdes purpurines. — (*pi*) pédoncule, c'est-à-dire pétiole au sommet duquel la feuille s'est développée en calice et a donné naissance à la série des enveloppes florales.

Fig. 8. Fleur de grandeur naturelle de l'*Hibiscus palustris* (MALVACÉE, 2027), dont les pétales (*pa*) ont été coupés faute d'espace. — (*sm*) étamines insérées sur deux rangs, le long de chacune des cinq divisions du tube (*α*) primitivement clos (fig. 11, pl. XLIV). — (*si*) cinq stigmates insérés au sommet des cinq branches du style.

Fig. 2. Section longitudinale de la même fleur, en passant par la columelle, destinée à montrer les rapports de tous ces organes entre eux. — (*s* 1) sépales du calice inférieur. — (*s* 2) sépales du calice supérieur. — (*pa*) fragment de division pétaloïde de la corolle, qui, à la base, enveloppe l'ovaire (*o*) et au sommet donne naissance au tube (*αα*) sur la surface externe duquel s'insèrent les étamines (*sm*). — (*sy*) tige du style qui se divise en cinq stigmates (*si*). — (*ov*) ovules insérés sur quatre rangs dans leurs cinq loges respectives. — (*cm*) columelle qui se creuse au centre, comme en une loge interne.

Fig. 4. Étamine vue par le flanc. — (*f*) filament. — (*an*) anthère. Il est des ovules de Malvacées qui n'en diffèrent sous aucun rapport de structure.

Fig. 5. La même vue par la suture qui en opère la déhiscence.

Fig. 6. Section transversale du tube staminifère. — (*β*) empreinte du style qui traverse ce tube. L'ouverture est pantagone, et les angles alternent avec ceux du tube ; car chaque petite division apiculaire du tube (*α*, fig. 2) alterne avec les loges du fruit. — Les étamines sont insérées par deux rangs sur chaque face du tube ; on observe vers le bord dix empreintes de vaisseaux, dont chacun est un placenta d'une rangée d'anthères. — (*an*) anthère.

Fig. 7. Coupe transversale du fruit. — (*β*) cavité columellaire pentagone à angles alternant avec ceux du fruit lui-même, comme l'indique la théorie (751). — (*l*) loge à quatre rangs d'ovules (*ov*). — (γ) interstice des loges, qui prouve que leur adhérence n'est jamais complète, et n'est réelle que vers le bord. Les loges sont retenues jusqu'à la maturité par un ectocarpe, qui, en se desséchant, les laisse libres de se séparer.

Fig. 9. Appareil staminifère (*sm*) plus développé que sur la figure 11, pl. XLIV, et déjà perforé par les cinq stigmates (*si*). On voit qu'à la base il est pentagone, à lobes alternant avec les divisions pétaloïdes dont la figure n'offre que les empreintes (α).

Fig. 11. Jeune embryon encore clos, quoique les deux cotylédons (*cy*) se dessinent au sommet. — (*rc*) radicule qui commence à se former.

Fig. 10. Fruit de l'*Hibiscus syriacus*. — (*s* 1) sépales linéaires du premier calice. — (*s* 2) sépales plus larges du second calice. — (*si*) style.

Fig. 12. Bouton de l'*Althæa*. — (*c* 1) petit godet qui forme physiologiquement le premier calice ou le plus inférieur. — (*c* 2) second calice à cinq divisions valvaires. — (*c* 5) troisième calice, dont les sépales valvaires sont aussi bien adhérens que les valves du fruit (fig. 10), et sont surmontés d'un stigmatule (*sg*). Le calice, à cette époque, est un péricarpe (1205).

PLANCHE XLVI.

Fig. 1. — (*ov*) ovule du *Cannabis sativa* (LUPULACÉE, 1959) suspendu à la voûte du fruit uniloculaire, dont le dessin a redressé les parois (*pp*).— (*rc*) région qu'occupe la radicule.

Fig. 3. Jeune pistil. — (*o*) sommité de l'ovaire. — (*sy*) les deux styles. — (*si*) les deux longs stigmates à fibrilles éparses (fig. 4), et analogues aux pistils des Caricacées (pl. X, fig. 6).

Fig. 5. Ovule très jeune. — (*fn*) funicule à peine distinct, détaché du péricarpe. — (*rc*) radicule qui commence à se dessiner sous le stigmatule.

Fig. 6. Ovule voisin de la maturité. — (*fn*) funicule amputé. — (*ch*) point où se trouve la chalaze du périsperme, qui est refoulé par le progrès de l'embryon, dans la portion (*al*); il est épuisé et réduit à une simple pellicule qui tapisse la paroi du test, sur tout le reste de la circonférence. — (*rd*) radicule supère.

Fig. 1. Fleur sympérianthée (172) du *Lythrum salicaria* (SALICARIACÉE, 1982). Elle est fendue longitudinalement et étalée, pour mettre à découvert les rapports de toutes les pièces qui la composent. — (*c*) tube calicinal. — (*s*) petits sépales herbacés. — (*pa*) pétales purpurins qui s'insèrent, comme les sépales, sur les bords du tube calicinal. — (*sm*) deux rangs d'étamines alternativement inégales. — (*sg*) bord papillaire, qui, dans la préfloraison, soude ses six divisions valvaires, emprisonnant, comme des ovules, les pétales (*pa*) et les étamines (*sm*), et ne conservant au-dehors que ses six petits sépales divariqués (1215). A cette époque, le tube calicinal est un ovaire dont les stigmates seraient rangés en rosace, comme chez les Papavéracées (1931).

Fig. 7. (*pa* 1) un des trois grands pétales du *Salsola tragus*, quinquenervié, comme une glume de Graminacée, ou un pétale de Joncacée (2006), muni d'une ligule plissée et dinerveuse (65, 40°), et se continuant en devant en une calotte pointue. — (*sm*) étamine insérée à sa base.

Fig. 10. Disposition des cinq pétales dans la préfloraison. Ils forment deux verticilles, dont l'un de deux pièces seulement (*pa* 2). Chacun d'eux porte une étamine.

Fig. 12. Un des deux petits pétales internes (*pa* 2) vu de profil.

Fig. 9. (*o*) ovaire. — (*sy*) style. — (*si*) stigmate.

Fig. 8. Ovule dont le test et le périsperme sont si minces, qu'on aperçoit l'embryon à travers.

Fig. 11. — Embryon dont les deux cotylédons (*cy*) se roulent sur eux-mêmes en spirale, et se bifurquent en se roulant.

Fig. 14. — Fleur du *Fothergilla alnifolia* (Ulmacée, 1970), après la chute des étamines, qui s'inséraient sur le bord de la corolle (*co*), herbacée et rustique comme le fruit biloculaire (*fr*). Chaque loge se continue en un style simple (*sy*) et herbacé.

Fig. 13. — (*l*) Une des loges ouvertes, pour montrer l'insertion de l'ovule (*ov*), au sommet du placentaire. — Le stigmatule (*sy*) de l'ovule est à la base.

Fig. 15. — Ovule avorté, ouvert, pour montrer par quelle large chalaze (*ch*) le périsperme (*al*) avorté s'insère sur le test (*tt*). — (*sy*) stigmatule du périsperme.

Fig. 16. — Stigmatule du périsperme grossi cent fois. Il est évident que cette sommité (*sg*) jouit d'une organisation distincte de celle du périsperme lui-même (1128).

PLANCHE XLVII.

Fig. 1. — Fleur du *Reseda fruticulosa* (Résédacée, 1955). — (*s*) cinq sépales en spirale. — (*fl*) follicule qui, plus rapproché, serait un sixième sépale. — (*pa*) cinq pétales blancs trilobés. — (*an*) anthères au nombre de huit, disposées également en spirale.

Fig. 2. — Fruit du *Reseda mediterranea*, déhiscent par l'écartement de ses stigmates (*si*). — (*s*) cinq sépales persistans.

Fig. 3. — Appareil staminifère du *Reseda fruticulosa*. — (*sl*) cupule corolloïde quadrilobée, sur la surface interne de laquelle s'insèrent les huit étamines (*sm*) à filament très court. La cupule se fend longitudinalement, et est rejetée sur le côté, par le développement de l'ovaire. Elle est l'analogue de la cupule staminifère du *Populus* (pl. XIII, fig. 2, 3 *co*). Les huit étamines sont évidemment rangées en spirale.

FIG. 4. — Un des pétales inférieurs du *Reseda phyteuma*, sur lequel on distingue comme une gaîne surmontée d'une ligule (*ll*), puis un limbe (*lm*) en crête bifide, qui rappelle la crête du pétale ou casque des POLYGALACÉES (1969).

FIG. 7. — Un des pétales supérieurs du *Reseda phyteuma*, sur lequel le limbe (*lm*) est réduit à une seule lanière. L'inégalité décroissante, en montant, de tous ces pétales prouve déjà assez évidemment la spiralité de leurs dispositions.

FIG. 5. — Fruit encore clos du *Reseda mediterranea*. — (*s*) sépales persistans, au-dessus desquels on voit les traces en collerette de la cupule dépouillée de ses étamines. — (*fr*) corps du fruit uniloculaire. — (*si*) stigmate en étoile de trois branches, formé par la réunion des trois divisions qui s'ouvrent à une certaine époque, comme trois sépales d'un calice monophylle (fig. 2). Le calice du *Salicaria* (pl. XLVI, fig. 2) est fermé de cette façon ; et si ses étamines et ses pétales avaient subi la transformation d'ovules, le calice eût été un fruit de *Reseda*.

On remarque, sur la surface du fruit de ce *Reseda*, des glandes cristallines qui disparaissent à la maturité.

FIG. 9. — Fruit ouvert du *Reseda fruticulosa*, pour faire voir les rapports des placentas valvaires avec les stigmates déhiscens. — (*ov*) ovules à test papillaire, dont plusieurs avortent au sommet des quatre placentas. — (*si*) stigmates en coussinet, et légèrement bifides au sommet, qui alternent avec les placentas véritables, et qui terminent chacun une nervure, ou placenta avorté. Les stigmates (*si*) ferment l'ouverture du fruit tant qu'ils sont agglutinés ensemble.

FIG. 10. — Le même fruit jeune, dont les quatre stigmates (*si*) sont agglutinés à leur base, et s'écartent, comme quatre sépales, au sommet.

FIG. 8. — Jeune étamine du *Reseda fruticulosa*. — (*f*) filament. — (*an*) anthère quadrilobée, vue par devant, c'est-à-dire par la face qui regarde le fruit.

FIG. 6. — Graine du *Reseda fruticulosa*. — (*h*) hile. — (*ep*) épiderme papillaire, qui se détache, comme une arille, de la surface du test. — (*rc*) radicule supère. — (*cy*) tranche des deux cotylédons. Le périsperme est épuisé, et l'embryon remplit toute la capacité du test.

N. B. La structure des jeunes anthères est analogue à celle des jeunes ovules ; ces deux sortes d'organes sont imprégnés de sucs résineux, et présentent, sur leur surface, presque les mêmes papilles. On observe, dans l'intérieur des grains de pollen, les mêmes stries que dans l'intérieur des grains de pollen de la Balsamine (pl. XLI, fig. 20).

PLANCHE XLVIII. (418).

Fig. 1. — Fleur mâle, non encore éclose, du *Cucumis sativus* (CUCURBITACÉE, 2025), vue de grandeur naturelle. — (*c*) corps du calice. — (*s*) sépales qui font corps avec lui, et sont toujours séparés. — La corolle est la continuation du corps du calice, elle est verdâtre, et ne se colore qu'à mesure que la déhiscence approche. — (*pd*) pédoncule.

Fig. 2. — Fleur femelle du *Cucumis colocynthis*. — (*o*) le sommet du pédoncule s'est enflé en ovaire. — (*c*) le calice a pris moins de développement, ainsi que les sépales (*s*). — La corolle (*co*) qui continue la substance du calice, et fait corps avec lui, est close par l'adhérence intime de ses cinq divisions pétaloïdes (*pa*). Elle forme comme un fruit pyramidal à plusieurs côtes convergentes (1418).

Fig. 3. — La corolle a été ouverte par la moitié. — (*o*) sommité tranchée de l'ovaire. — (*pa*) corps des pétales soudés entre eux, et surmontés, comme les vrais fruits, de cinq petits stigmates (*sg*). — (*an*) anthères avortées, jaunes, qui se prêteront à la déhiscence en se dédoublant, et formeront alors les deux bords de chaque division pétaloïde (fig. 5), dont la portion des pétales, apparente pendant la préfloraison, formera la nervure médiane. — (*si*) trois gros stigmates réniformes, qui se présentent comme trois ovules de Convolvulacées (1995), dans l'intérieur de la corolle fermée en forme de fruit. Pour que la fleur fût hermaphrodite, on le voit, il eût suffi que les anthères (*an*) n'avortassent pas.

Fig. 4. — Elle représente de face une de ces anthères (*sl*), qui, en se dédoublant, doivent agrandir les marges des divisions pétaloïdes. — On y distingue clairement le connectif (*cn*) qui sépare longitudinalement les deux *theca* (*th*) ; l'anthère tient par le dos à l'une des divisions pétaloïdes (*pa*) par un *theca*, et à l'autre, par son autre *theca*. Il serait impossible, à cet âge, de révoquer en doute l'analogie que nous signalons.

Fig. 5. — Fleur femelle épanouie et vue de grandeur naturelle du *Cucumis sativus*, après que les anthères ont opéré leur déhiscence par le dédoublement du connectif (*cn* fig. 4). La fleur est jaune, mais elle conserve, sur sa portion dorsale, les traces verdâtres et en relief des nervures qui, dans la préfloraison (fig. 2), étaient externes.

Fig. 6. — Appareil staminifère de la fleur mâle du *Cucumis sativus*. — (*an*) anthères dorsales à *theca* sinueux, à filament à peine sensible, et à connectifs soudés en un corps imperforé que termine le stigmatule (*sg*) le mieux caractérisé ; la corolle a été enlevée.

Fig. 10. — Le même désagglutiné par la séparation violente des anthères (*an*). — On trouve alors, au-dessous de cet appareil clos comme un ovaire, un nectaire (*n*) qui eût été un vrai stigmate, si la sommité du pédoncule (*pd*) s'était transformée en ovaire ; et, dans ce cas, la fleur mâle, sans acquérir une pièce de plus, eût été hermaphrodite. — (*c*) traces du calice et de la corolle.

Fig. 11. — Une de ces anthères vue par la face agglutinée, par la face du connectif. — (*th*) *thecas* au centre desquels on voit le point d'insertion, et sur les bords internes desquels sont rangés des cils, qui sont les traces d'adhérence mutuelle de ces cinq organes. Une coupe transversale de ce corps staminifère offre une certaine analogie de structure avec celle d'un Melon ; car, en physiologie, les petites choses peuvent être comparées aux grandes.

Fig. 12. — Un grain de pollen trigone grossi cent fois.

Fig. 7. — Rameau de l'inflorescence du *Cucumis sativus* à l'état encore jeune. — (*cl*) tige principale. — (*pi*) pétioles des feuilles, l'une principale, les autres axillaires. — (*ino*) entrenœud compris entre deux articulations. — (*ci*) vrilles à un degré plus ou moins avancé de développement. — (*fi*) jeunes feuilles presque sans pétiole et s'approchant de la simplicité des follicules. — (*pt*) pistil infère. — (*c*) corps du calice qui se couronne de cinq sépales (*s*) toujours distincts, et se continue avec la corolle close (*co*).

Fig. 8. — Tranche transversale du pétiole de la feuille, grossie à la loupe. (Voy. pl. v). — (*ce*) cellules polyédriques. — (*va*) empreintes des vaisseaux [isolés comme chez les Monocotylédones.

Fig. 9. — Tranche transversale d'une tige ; la structure en est la même que sur le pétiole ; il n'y a de différence que dans la disposition des vaisseaux (*va*). Les vaisseaux y forment deux verticilles sur le type quinaire, dont l'interne n'est complet que plus haut. (Voy. pl. IV et v) (960).

Fig. 13. — Sommités d'un jeune pistil du *Cucumis sativus*. — (*pt*) ovaire dont la surface est couverte des glandes pilifères (*gl*) que la fig. 15, pl. xxvi, représente grossies. — (*c*) le calice a été retranché, ainsi que la corolle, qui n'en est que la continuation. — (*n*) nectaire ou articulation avortée, du centre de laquelle s'élève le style (*sy*) fort court, qui s'épanouit en un corps stigmatique (*si*) trilobé au sommet, trilobé à sa base, mais à lobes alternes. Ce corps est couvert de papilles. Nous avons placé à côté sa tranche transversale (*si*) idéalement prise.

Fig. 17. — Tranche transversale d'un fruit encore jeune de *Cucumis sativus*. — (*pc*) placentas de deux loges contiguës. — (*ov*) ovules nidulans, c'est-à-dire enchâssés chacun dans une maille du tissu cellulaire, et séparés entre eux par le tissu.

Fig. 19. — Tranche transversale d'un fruit (*o*) encore plus jeune. A l'aide d'un faible tiraillement, on sépare trois corps ovuligères, et on rend la tranche béante par une étoile à trois branches (*α*). Ce fruit peut être ainsi considéré comme ayant trois loges pleines (*l*), ou plutôt trois gros placentas, dans le tissu interne desquels les ovules restent nichés. Ici chaque fausse loge offre deux placentas opposés (*pc*), placés dans les deux angles de la loge, et portant chacun trois rangs d'ovules. Chez le Potiron, chaque placenta angulaire et partiel porte cinq rangs d'ovules alternes. Chaque rang correspond à une côte du péricarpe, en sorte que les côtes sont en général multiples de 5, s'élevant à 18, 30, etc., selon que les rangs d'ovules sont plus ou moins nombreux sur chaque placenta partiel.

Fig. 18. — Tranche idéale du fruit, dans le cas où les ovules n'auraient pas été nidulans. Le fruit eût été à trois loges (*l*) agglutinées par leurs parois respectives, et à trois placentas valvaires (*pc*) placés à chaque angle externe de la loge pentagonale (1102).

Fig. 16. — Ovules à leur extrême jeunesse et long-temps avant la fécondation. — (*pc*) placenta qui les supporte. — (*fn*) leur petit funicule. L'un d'entre eux, qui est avorté, semble laisser sortir un organe transparent, et reproduire l'illusion académique dont nous avons eu occasion de nous occuper. C'est une simple différence de transparence (1126).

Fig. 15. — Graine enveloppée, ainsi que le funicule et l'hétérovule, par l'arille (*ai*), qui n'est que la cellule immédiate, dans laquelle l'ovule est né ; la figure est vue de grandeur naturelle (1137).

Fig. 14. — (*fn*) funicule dont toutes les mailles sont infiltrées d'air. — (*hov*) hétérovule papillaire qui a l'air d'un autre funicule. — (*or*) corps de la graine amputée.

PLANCHE XLIX.

Fig. 1. — Sommité de rameau de l'*Hydrangea* (HYDRANGÉACÉES 1974) portant deux sortes de types de fleurs. — (*fs. m.*) fleurs stériles que la figure 8 représente grossies. — (*fs. f.*) fleurs hermaphrodites dont les figures 2, 5, etc., présentent l'analyse.

Fig. 2. — Fleur hermaphrodite dépouillée de ses pétales. — (*pd*) pédoncule. — (*o*) ovaire biloculaire. — (*s*) sépales petits, angulaires, au nombre de cinq. — 10 étamines supères. — (*f*) filament. — (*an*) anthère. — (*si*) deux gros stigmates isolés qui recouvrent chaque loge du fruit.

Fig. 5. — La même fleur non encore entièrement épanouie. — (*fl*) follicule dans l'aisselle duquel vient la fleur. — (*o*) ovaire biloculaire. — (*s*) cinq petits sépales fermés pendant la première préfloraison. — (*pa*) cinq pétales valvaires encore clos et formant la seconde préfloraison.

Fig. 4. — Coupe transversale du jeune ovaire. — (*l*) loges séparées par une columelle en forme de cloison.

Fig. 8. — Fleur stérile, organisée sur le type binaire dans toutes ses enveloppes. — (*s*) quatre sépales opposés-croisés, dont la figure 5 représente l'un avec sa nervation détaillée. — (*pa*) quatre petits pétales, dont la figure 6 représente un isolé. — (*sm*) huit étamines , deux par chaque pétale, comme sur la fleur femelle. — (*pt*) pistil avorté que la figure 7 représente un peu plus grossi.

Fig. 9. — Fleur du *Teucrium chamædrys* (Labiacées 1989). — (*cl*) portion de la tige. — (*fi*) feuille dans l'aisselle de laquelle naît la fleur solitaire. — (*c*) calice à cinq dents inégales. — (*co*) corolle labiée à cinq dents, dont deux (β) latérales plus grandes, deux latérales moindres, et une médiane (α) qui alterne avec la dent médiane du calice, et qui provient de l'avortement de la cinquième anthère.

Fig. 10. — Graine extraite de sa coque. — (*h*) hile.

Fig. 11. — Moitié de corolle étalée, pour montrer les rapports des organes sexuels entre eux. — (*pt*) pistil quadriloculaire encore jeune. — (*sy*) long style terminé par un stigmate bifide (*si*). — (β) deux des divisions latérales de la corolle (*co* , fig. 9). — (*sm*) étamines plus ou moins didynames, supportées par un pivot purpurin articulé (γ) absolument semblable à celui (δ) qui supporte le style , en sorte que, dans le jeune âge, le pistil a l'air d'un cinquième étamine à anthère avortée.

PLANCHE L.

Fig. 4. — Fleur du *Statice armeria* (Plombaginacée 1954). — (*pd*) pédoncule fort court. — (*ca*) éperon rudimentaire du calice. — (*c*) calice en parasol se prolongeant en cinq arêtes unies par une membrane corolloïde et colorée.

Fig. 6. — La même vue de champ. — (*c*) calice. — (*co*) corolle dont les divisions pétaloïdes sont pelotonnées comme des étamines.

Fig. 2. — (*o*) pistil éventré. — (*fu*) long funicule qui s'attache à la base et élève son ovule (*ov*), jusqu'à la hauteur du mamelon (α), qui doit s'accoupler avec son stigmatule (*sg*) et lui transmettre la fécondation des stigmates. — (*sy*) cinq styles surmontés d'un stigmate (*si*) qui en continue l'axe (1194).

Fig. 10. — Stigmate (*si*) des cinq styles (*sy*) du *Statice speciosa*, grossi cent fois.

Fig. 3. — (*in*) inflorescence du *Statice armeria*. — (*br*)) bractée vue de profil. — (*fs*) fleur dont le pédoncule s'insère sur la surface dorsale de la bractée. La figure 15 représente ces deux organes à la loupe. On y voit que le pédoncule de la fleur est formé aux dépens de la seconde nervure (294).

Fig. 5. — Capitule de fleur du *Statice armeria*. — (*inv*) gaîne renversée, dans laquelle le capitule était primitivement emprisonné , ainsi que l'indiquent les points. Le capitule, en grossissant et en se développant de plus en plus en spires florales, l'a rejeté, comme un doigt de gant dédoublé, le long de la tige (*cl*).

Fig. 9. — Coupe transversale de l'ovaire (*o*) uniloculaire et à cinq côtes.

Fig. 7. — (α) mamelon fécondant, où convergent, dans l'intérieur de la loge (fig. 2 α), les cinq vaisseaux médians du style.

Fig. 13. — (ov) ovule accouplé par son stigmatule (sg), avec le corps dans lequel se réunissent les styles. (sy) — (fu) funicule.

Fig. 8. — (sg) stigmatule vu de face, par réflexion, au grossissement de cent fois.

Fig. 14. — Le même coupé transversalement et observé à un fort grossissement. On y voit jusqu'à trois enfoncemens concentriques, et en gradins descendans du dehors en dedans. Le bout du mamelon (fig. 7) s'implante dans le centre.

Fig. 12. — ovule non fécondé. — (sg) stigmatule tellement transparent, qu'on le croirait sorti de l'ovule.

Fig. 11. — Cette figure démontre le contraire. C'est un ovule observé à un fort grossissement dans une goutte d'acide sulfurique, qui dissout les substances par lesquelles le test était rendu opaque. On voit que le stigmatule (sg) est la continuation du test (tt). — (al) périsperme futur. — (fu) funicule (1127 bis).

PLANCHE LI.

Fig. 2. — Panicule ou inflorescence de l'*Urtica dioica* femelle (URTICACÉE, 1960). — (s) sépales. — (pa) pétales. — (α) pétale concave revêtant tous les caractères des paillettes inférieures (pe α) du *Panicum* (pl. XVIII, fig. 5).

Fig. 1. — Jeune pistil. — (si) stigmate qui offre alors les plus grandes analogies avec le stigmatule (sg) de l'ovule jeune des *Epilobium* (pl. XXXIV, fig. 12). — (ov) ovule s'accouplant par son stigmatule (sg), avec le mamelon interne où aboutissent les vaisseaux du stigmate, ainsi que nous venons de le voir sur le *Statice* (pl. L, fig. 2 α). — (α) cupule qui divise l'ovule comme en deux moitiés.

Fig. 3. — Ovule tiré du pistil. — (sg) stigmatule qui porte l'empreinte de l'accouplement, et qui semble sorti, comme un organe mâle, de la cupule (α). Mais par le procédé qui nous a servi à déterminer les rapports du même organe, sur l'ovule du *Statice* (pl. L, fig. 11), il est facile de reconnaître que ce prétendu organe mâle n'est que la continuation du test; il suffit de laisser l'ovule, quelques instans, dans une goutte d'acide sulfurique. On voit que la surface du stigmatule (sg) après s'être repliée, dans le fond de la cupule, revient autour d'elle, jusqu'à son point d'insertion (ov). — (α) gouttelette d'huile qui s'échappe pendant l'observation (1127).

Fig. 4. — Graine mûre. Le stigmatule offre une espèce de godet au sommet.

Fig. 5. — Fruit mûr, conservant au sommet l'aigrette purpurine de son stigmate (si). Sans un peu d'attention, on confondrait facilement l'ovule (fig. 4) avec le fruit (fig. 5) d'où on l'a extrait.

Fig. 6. — Fleur femelle épanouie. — (*s*) deux sépales opposés. — (*pa*) deux pétales opposés, croisant les deux sépales. — (*pt*) pistil.

Fig. 7. — Embryon droit à cotylédons planes, qui remplit toute la capacité de la graine. — (*rc*) radicule supère.

Fig. 9. — Endocarpe avec ses cellules spiraligères (*sr*), grossi cent fois (614).

Fig. 10. — Ectocarpe grossi cent fois.

Fig. 11. — Corolle fendue par devant et étalée du *Plantago major* (PLANTAGINACÉES, 1980), à quatre divisions alternes, avec les étamines qui la traversent et la dépassent en longueur. — (*f*) filament. — (*an*) anthère acuminée. La corolle aurait eu huit étamines, si les quatre nervures qui traversent ses divisions avaient subi la même impulsion que les quatre nervures des interstices. La corolle, ainsi que tous les organes qui suivent, sont vus à la loupe.

Fig. 14. — Corolle entière offrant l'anomalie d'une cinquième division. — (*si*) stigmate qui en sort après la chute des étamines.

Fig. 15. — Étamine beaucoup plus grossie et plus jeune, pour rendre plus visible la structure, l'insertion, la déhiscence de ses deux *theca* et la pointe qui termine le connectif. Le pollen, plus ou moins grossi, se voit de l'autre côté de la corolle.

Fig. 16. — Pistil fort jeune. — (*o*) ovaire. — (*si*) stigmate à papilles éparses.

Fig. 19. — Fruit parvenu à la maturité. — (*fl*) follicule dans l'aisselle duquel est née la fleur. — (*s*) quatre sépales en spirale, scarieux sur les bords, qui entourent la corolle. — (*co*) corolle détachée à sa base et poussée en avant par le fruit qui a grossi et s'est allongé. Le stigmate est persistant.

Fig. 21. — Fruit dont une des deux valves a été enlevée. — (*si*) stigmate persistant. — (*l*) portion de la loge opposée que le retrait de la cloison laisse apercevoir. — (*pc*) placenta formé par la nervure médiane de la cloison. — (*fn*) empreintes laissées par les funicules ou plutôt par les hiles des quatre graines (fig. 23, 26) qui en ont été détachées.

Fig. 23 et 24. — Deux formes différentes de graines (*gr*) vues par le hile (*h*). Ces formes varient en raison de leur compression mutuelle.

Fig. 25 et 26. — Les mêmes vues par leur surface externe, celle qui est recouverte par la paroi de la valve. Le test en est rougeâtre et réticulé. A côté l'on voit la section transversale de leur substance. L'embryon (*e*) droit, cylindrique, purpurin, à deux cotélydons planes, dans un périsperme blanc et farineux, tourne sa radicule du côté du sol.

Fig. 27. — Embryon grossi. — (*cy*) les deux cotylédons étalés. — (*rc*) radicule. — (*cho*) cordon ombilical.

Fig. 22. — Préfloraison vue obliquement. — (*cl*) tige. — (*fl*) follicule dans l'aisselle duquel est née la fleur.

Fig. 27. — La même vue de champ. — (*cl*) tranche de la tige. — (*fl*) tranche du follicule qui en émane, et dans l'aisselle duquel est née la fleur. — (*s*) les quatre sépales, en spirale par quatre, le dernier adossé contre la tige (*cl*) — (*sm*) étamines alternant avec les quatre divisions de la corolle, qui elles-mêmes alternent avec les quatre sépales.

Fig. 12. — Structure de l'épiderme de la corolle grossie cent fois.

Fig. 15. — Structure de l'épiderme du follicule (*fl*, fig. 19) au même grossissement, avec ses stomates, qui ont l'air d'être fendus.

Fig. 18. — Structure de l'épiderme du test, au même grossissement.

Fig. 20. — Structure de l'épiderme des sépales, dont les interstices ne se distinguent que par les spires (*sr*) (pl. II, fig. 5) qu'ils recèlent, ce qui fait que les bords des cellules semblent festonnés.

PLANCHE LII (voyez pl. XXXI, fig. 13-16).

Fig. 1. — Fleur de *Raphanus*, de *Sinapis*, de *Brassica* (CRUCIFÉRACÉE, 1968) vue à la loupe. — (*pd*) pédoncule hispide. — (*s*) quatre sépales opposés-croisés. — (*pa*) quatre pétales opposés-croisés. — (*sm*) trois paires d'étamines opposées-croisées. — (*sl*) staminules glanduliformes qui séparent les étamines et les pétales.

Fig. 2. — Préfloraison du calice. Des deux figures au simple trait, l'une offre la tranche des quatre sépales opposés-croisés; l'autre, leur rapprochement au sommet. La figure ombrée présente le calice très jeune, vu de champ. L'inégalité décroissante des sépales indique suffisamment que leur disposition est en spirale par quatre (759).

Fig. 4. — Le même plus âgé, quadrilobé, et analogue à une anthère quadriloculaire. Les sépales se rangent déjà par paires.

Fig. 5. — Figure idéale indiquant la disposition relative de tous les organes de la fleur (fig. 1). — (*s*) quatre sépales. — (*pa*) empreintes des quatre pétales. — (*sl*) les quatre empreintes en section de lentilles, sont les empreintes des quatre staminules glanduliformes. — (*sm*) les deux grands cercles ombrés sont les empreintes de la paire inférieure des étamines. Les quatre plus petits cercles ombrés sont les empreintes des quatre étamines supérieures.

Fig. 5. — Stigmate jeune considérablement grossi.

Fig. 6. — Silique mûre du *Raphanus raphanistrum*, marquée d'autant d'articulations qu'elle recèle de graines dans ses deux loges, les valves se soudant avec la portion correspondante de la cloison au-dessus et au-dessous de chaque graine. — (*sy*) gros style qui continue plutôt la cloison épaissie, que les valves. — (*si*) stigmates en tête et bilobé.

FIG. 8. — Graine mûre à test violet, granulé, sur lequel la radicule (*rc*) produit un relief.

FIG. 7. — Embryon qui en remplit toute la capacité. — (*rc*) radicule logée dans le pli de l'un des cotylédons (*cy*), lesquels sont ployés en deux, le cotylédon jaune recouvrant le cotylédon vert foncé.

FIG. 10. — Les quatre pétales, dont le réseau cellulaire a été copié avec le plus grand soin. On voit que les compartimens diminuent et se simplifient, à mesure que le pétale se rapproche de l'appareil des étamines, qui en est une transformation. Chacun de ces compartimens représente une cellule aplatie. (*Voy.* pl. VI, fig. 4, 6.)

FIG. 9. — Pétale développé aux dépens de l'une des étamines qui couvrent le tube de l'*Hibiscus palustris* (pl. XLV, fig. 2, 8). — (*tu*) trait indiquant le tube staminifère. Le bord de ce pétale pélorié porte une étamine anormale, avec un filament distinct (*f*) et une anthère (*an*) réniforme et en croissant, dans lequel nous avons trouvé les mêmes grains de pollen (*pn*) que dans les autres Malvacées, mais moins avancés en développement, et restant attachés à une membrane glutineuse (*mm*) plus consistante, qui formait le tissu cellulaire du *theca* (396).

PLANCHE LIII.

FIG. 4 — Fruit du *Ptelea trifoliata* (ACÉRACÉE, 1971). — (*pd*) pédoncule. — (*l*) loge avortée. — (*ov*) deux ovules dont l'un avorte. — (*si*) stigmate obscurément bilobé.

FIG. 2. — Fruit très jeune. — (*o*) panse de l'ovaire qui, à cet âge, tend à être quadriloculaire. — (*sy*) style fortement développé. — (*si*) stigmate obscurément bilobé.

FIG. 3. — Fleur anormale. La fleur normale a ses enveloppes toutes quaternaires. — (*pd*) pédoncule. — (*pa*) trois pétales velus. — (*sm*) quatre étamines. — (*f*) filament velu vers la base. — (*an*) anthère jeune. — (*pt*) jeune pistil.

FIG. 4. — La même vue en dessous. — (*pd*) pédoncule. — (*s*) calice monophylle à trois divisions sépaloïdes, velu. — (*pa*) trois pétales velus en dessous comme en dessus. — (*sm*) quatre étamines.

FIG. 5. — Sommité de l'étamine, après sa déhiscence; l'anthère est vue par le dos.

FIG. 6. — Étamine complète, vue après la déhiscence des *thecas*. — (*t*) Filament avec son large anneau de poils. — (*an*) anthère aux deux *thecas* renversés en arrière (1705).

Fig. 9. Pistil complet du *Datisca cannabina* (DATISCACÉE, 2022). — (*o*) panse de l'ovaire uniloculaire. — (*vl*) face de la valve. — (*su*) suture qui sépare les placentas. — (*s*) trois sépales rudimentaires. — (*pa*) trois pétales plus rudimentaires encore. — (*si*) six longs stigmates insérés deux par deux sur trois styles.

Fig. 8. — Le même, vu de champ et à la loupe. — (*s*) trois sépales. — (*pa*) trois pétales alternes. — (*si*) six stigmates papillaires, insérés sur trois styles alternes avec les trois pétales.

Fig. 7. — Ruban transversal de l'ovaire uniloculaire, fendu par devant, et étalé sur le porte-objet. — (*pc*) trois placentas chargés d'ovules. — (*su*) sutures qui les séparent, et par lesquelles se fait la déhiscence.

PLANCHE LIV.

Fig. 1. — Fleur du *Paronychia sessilis* (PORTULACÉES, 1955). — (*c*) calice formé de follicules en spirales. — (*co*) corolle presque constamment à demi fermée.

Fig. 2. — Corolle fendue par devant, et étalée sur le porte-objet. — (*pa*) cinq divisions pétaloïdes. — (*sl*) cinq étamines avortées, alternes avec les pétales. — (*an*) anthères des cinq étamines, alternes avec les étamines avortées. On voit, à la base, la préfloraison (*pf*) des cinq divisions pétaloïdes et des trois follicules calicinaux.

Fig. 5. — Ovaire très jeune, mou, et à parois peu déterminées.

Fig. 7. — Le même plus âgé. — (*o*) panse de l'ovaire. — (*sy*) style. — (*si*) stigmate capitulé.

Fig. 5. — Le même éventré. — (*l*) loge unique. — (*ov*) ovule inséré à la base de l'ovaire, par un long funicule. — (*si*) stigmate.

Fig. 8. — Coupe longitudinale de la graine, dans le sens de la longueur de l'embryon. — (*al*) portion du périsperme rapproché du funicule. — (*α*) empreinte que laisse l'embryon dans le périsperme.

Fig 9. — Coupe longitudinale de la graine perpendiculairement à l'axe de l'embryon. — (*fu*) funicule. — (*al*) périsperme. — (*γ*) empreinte cylindrique que laisse l'embryon dans le périsperme, qui le refoule vers le test.

Fig. 10. — Embryon extrait du périsperme et redressé. — (*rc*) longue radicule. (*cy*) deux cotylédons planes.

Fig. 4. — Étamine considérablement grossie. — (*f*) filament. — (*th*) anthère à un seul *theca* ouvert. — (*cv*) connectif des deux valves du *theca*. — (*pn*) grains de pollen.

Fɪɢ. 6. — Inflorescence de grandeur naturelle du *Paronychia sessilis*. — *(fi)* feuille. — *(cl)* tige. — *(g, fs)* gemme de fleurs.

N. B. Les chiffres des figures suivantes ont été omises par le graveur. Les figures étant disposées sur deux rangs parallèles, nous les compterons en procédant de gauche à droite, comme dans la lecture.

Fɪɢ. 11. — Anthère isolée du groupe (fig. 13), appartenant à la fleur mâle (fig. 12) du *Begonia hirsuta* (Bégoniacée, 2020). — *(f)* —filament. — *(th)* *theca* inégaux et marginaux.

Fɪɢ. 12. — Sommité de rameau portant une fleur mâle à deux sépales larges *(s)*, à deux pétales plus courts *(pa)* et renfermant les spires des étamines. — *(fl)* follicules.

Fɪɢ. 13. — Groupe des étamines de la fleur mâle. — *(f)* filamens insérés sur le même point. — *(an)* anthères jaunes.

Fɪɢ. 14. — Jeune ovule grossi cent fois. Il avorte régulièrement dans nos climats.

Fɪɢ. 15. — Fleur mâle épanouie. — *(s)* deux sépales. — *(pa)* deux pétales croisant les deux sépales. — *(sm)* étamines.

Fɪɢ. 16. — Fleur femelle dépouillée de ses pétales *(pa)*. — *(fr)* fruit triloculaire, trigone, chaque loge ailée *(α)*. — *(sy)* style. — *(si)* trois stigmates en croissant, analogues à ceux des Cucurbitacées (p. xlviii, fig. 5, *si*).

Fɪɢ. 17. — Fleur femelle entière. — *(fl)* deux follicules opposés croisés ou alternes. — *(fr)* fruit triloculaire. — *(pa)* quatre pétales en spirale dans l'ordre de leur numérotation ; le cinquième est caché.

Fɪɢ. 18. — Grains de pollen frappés de stérilité dans nos climats.

Fɪɢ. 19. — Fruit dont une moitié de valve *(vl)* a été ouverte, pour mettre à découvert les ovules *(ov)*. — *(sy)* insertion du style.

PLANCHE LV.

Fɪɢ. 3. — Fruit ouvert du *Cycas* (Cycadacée 1911). — *(pp)* péricarpe ligneux. — *(ov)* ovule sans test distinct. — *(cl)* tige sur la dent de laquelle est inséré l'ovaire dans l'aisselle d'un follicule caduque.

Fɪɢ. 4. — *(fr)* fruit de grandeur naturelle inséré sur une dent de la sommité de la hampe *(cl)* qui sert de rachis à ce large épi distique.

Fɪɢ. 1. — Baie du *Juniperus* (Conacée, 1912). — *(fi)* petites feuilles qui sont rangées en spirale par quatre, autour de la tige.

FIG. 2. — (*fl*) une des trois écailles épaissies, dans l'aisselle desquelles naissent les ovaires isolés, et qui, en se soudant, forment le fruit. — (*fi*) petites feuilles dont les écailles de la baie sont une transformation.

FIG. 5. — Ovaire à péricarpe osseux (*pp*), qui est appliqué, par une de ses deux surfaces, contre la cavité d'une des trois écailles (*fl*, fig. 2).

FIG. 6. — (*al*) périsperme. — (*a*) chalaze. — (*e*) embryon qui tient organiquement, par un cordon ombilical (*cho*), à la sommité de ce périsperme.

FIG. 7. — Un des follicules qui rentrent dans l'organisation des bourgeons à feuilles des *Pins* (CONACÉE, 1912).

FIG. 9. — Bourgeon à feuilles. — (*fl*) follicule dans l'aisselle duquel naît le bourgeon. — (*α*) empreinte et cicatricule de la portion caduque. La figure 11 représente ce follicule en entier. — (*sti*) deux stipules latérales et opposées. — (*g*) gemme composée des follicules (fig. 7) qui s'enveloppent les uns les autres. Si chacun de ces bourgeons à feuilles s'était développé, en tenant toutes ses pièces agglutinées, la sommité de rameau qui la supporte se serait changée en cône (*strobus*).

FIG. 8. — Ecaille du cône du Pin, dans laquelle on retrouve les analogies les plus frappantes avec le bourgeon à feuilles (fig. 9). — (*sti*) stipule bifide qui revient au follicule (*fl*) de la figure 9. — (*fl*) follicule épaissi au sommet, vu de grandeur naturelle.

FIG. 10. — Embryon de Pin extrait de son périsperme encore jeune. — (*cy*) couronne ou premier verticille de feuilles, qui apparaît avec l'aspect cotylédonaire. — (*cho*) cordon ombilical.

FIG. 12. — Un des deux fruits qui se trouvent dans l'aisselle de chacun des follicules épaissis (fig. 8). — (*o*) ovaire terminé par une large membrane que traverse un vaisseau stigmatique (*si*). A la maturité, on rencontre, dans la cavité du péricarpe ligneux, une pellicule desséchée qui entoure le périsperme, et qui peut être assimilée à un test.

FIG. 13. — Deux fruits insérés sur l'entrenœud (*ino*) du chaton du *Sedum aizoon* (CRASSULACÉE, 1926).

FIG. 15. — Les cinq fruits de la même espèce vus de champ, après leur déhiscence dorsale.

FIG. 14. — Un de ces fruits étalé après sa déhiscence, pour montrer les cinq nervures qui le traversent, et lui donnent l'aspect d'une forte paillette de Graminacée (1916), et dont les deux extrêmes sont devenus placentas, portant chacun un rang d'ovules.

FIG. 16. — Graines mûres à test rude et réticulé. — (*e*) embryon blanc, droit, cylindrique, à deux cotylédons planes, remplissant toute la capacité du test.

PLANCHE LVI.

Fig. 1. — Fleur femelle considérablement grossie au microscope du *Ficus* (Dors-téniacée, 1948). — (*pa*) pétales membraneux, diaphanes, rangés en spirale ; le supérieur s'organise au sommet en stigmatule (*sg*), et pourrait être pris pour le stigmate (*si*) qui termine le fruit. — (*sy*) style. — (*pp*) péricarpe membraneux et transparent. — (*ov*) ovule que l'on aperçoit déjà à travers la transparence du péricarpe.

Fig. 2. — Graine mûre, à test jaune. — (*h*) hile.

Fig. 5. — Figue ou péricarpe qui renferme des fleurs (fig. 1). Les mâles sont sous l'ouverture centrale et polaire, qui est d'abord fermée par des valves; les fleurs femelles occupent toute la longueur inférieure des placentas, qui se dessinent en côtes longitudinales sur la surface de ce singulier fruit.

Fig. 4. — Fleur mâle. — (*pa*) pétales en spirale. — (*sm*) trois étamines.

Fig. 5. — Un des placentas qui se dessinent en côtes, sur la surface de la figue (fig. 5), isolé. Les fleurs femelles inférieurement et mâles au sommet, y sont insérées, comme le sont les ovules sur une tranche de Cucurbitacée.

Fig. 6. — Jeune fleur du *Ziziphus* (Rhamnacée, 2000), analogue à celle de l'*Acer* (Acéracée, 1971).— (*s*) sépales. — (*pa*) pétales portant chacun un étamine, et insérés sur un nectaire large et pantagone, au centre duquel est le pistil (*pt*).

Fig. 11. — Fleur de l'*Alsine* (Dianthacée, 2028). — (*s*) cinq sépales. — (*pa*) cinq pétales alternes. — (*an*) anthères des cinq étamines alternes avec les sépales. — (*o*) ovaire à trois valves et à trois stigmates, par l'avortement de deux valves.

Fig. 8. — Ovaire grossi. — (*vl*) valve. — (*sm*) suture par laquelle s'opère la déhiscence.

Fig. 7. — Appareil staminifère et placenta qui reste après la chute des trois valves. — (*pc*) placenta hérissé de funicules. — (*an*) anthère. — (*f*) filament.

Fig. 9. — Un des sépales vu par le dos. La portion verdâtre, qui en forme comme la nervure médiane, est couverte de poils glanduleux. Les deux bords sont pétaloïdes et colorés.

Fig. 10. — Graine à test chragriné.

Fig. 12. — Fleur mâle du *Callitriche verna* (Naïadacée, 1991).— (*pa*) deux pétales opposés. — (*f*) filament surmonté d'une anthère (*an*).

Fig. 13. — Fleur femelle du même. — (*pa*) deux pétales opposés. — (*fr*) fruit à quatre coques opposées-croisées. — (*sy*) deux styles.

Fig. 14. — Fleur du *Potamogeton* (Naïadacée, 1991). — (*pa*) pétale en cœur, pédonculé, inséré sur le dos du connectif de l'anthère (*an*). — (*o*) quatre loges uniovulées, qui se prolongent au sommet en quatre sommités, comme en quatre fruits distincts.

PLANCHE LVII.

Fig. 1. — Petite Pezize (Pézizinée, 1889) faiblement grossie.

Fig. 2. — (*δ*) *Volva* d'où elle est sortie.

Fig. 3. — Section longitudinale de son chapeau. — (*α*) substance de la page supérieure. — (*γ*) substance de la page inférieure. — *β*, substance du pédicule.

Fig. 4. — Individu naissant du *Gymnostomum* (Musciacée, 1908).— (*cl*) support à peine développé de l'urne. — (*ur*) urne commençant à s'enfler. — *β*) long style surmonté d'un stigmatule déjà corné (*sg*), et qui formera plus tard le bec de la coiffe (fig. 5). — (*fi*) petites feuilles.

Fig. 5.— Le même individu vu à un moindre grossissement et parvenu à son développement complet. — La coiffe (*β*) est déjà détachée de l'urne (*ur*). — (*fi*) petites feuilles uninerviées disposées en spirale autour de la tige. — $+$ de grandeur naturelle. — (*γ*) opercule plat en calotte. — (*e*) urne dépouillée de son opercule à péristome nu. — (*rd*) petites racines.

Fig. 6. — Rameau mâle du *Polytrichum*. — (*cl*) tige simple, autour de laquelle les petites feuilles, carinées, engaînantes, uninerviées, roulées et analogues à celles de certaines Conacées, sont disposées en spirale et se transforment en follicules floraux (*fl*), à mesure que la tige manifeste sa tendance à la sexualité.
Fig. 11. — Organe mâle que l'on trouve dans l'aisselle des follicules de la tige (fig. 6). L'*aura seminalis* est éjaculé. L'organe est accompagné de poils qui ne sont que des organes mâles avortés; il est vu au grossissement de cent diamètres. (Voy. la pl. LX.)

Fig. 7. — Quelques mailles de l'*Hydrodyction* (Confervacée, 592, 1899) vue de grandeur naturelle $\pm$, à la loupe, et au microscope. — (*α*) entrenœud graine.

Fig. 8. — Sporange d'une fougère (Filicacée, 1910). — *fn*) funicule articulé. — (*so*) spores qui se répandent au-dehors, après la déhiscence, ou plutôt la rupture du sporange.

Fig. 9. — *Cyathus striatus* vu à la loupe (Lycoperdinées, 1891). — (*α*) surface externe du *peridium*. — *β*, surface que recouvre la surface pelucheuse externe. — (*γ*) surface interne cannelée. On voit au fond les sporanges (*sn*).

Fig. 10. — Sporanges du *Cyathus striatus* opérant leur déhiscence. — (*fn*) funicule central qui les attache au fond du *Peridium*. (*Voyez* la pl. LIX).

FIG. 12. — Déviation d'une étamine de *Cydonia* qui tient le milieu entre le filament et le pétale. (*Voyez* pl. LII, fig. 9).

PLANCHE LVIII (586, 1899).

FIG. 1. — Accouplement de la *Conferva porticalis*. — (α) prolongemens éphémères, par lesquels deux entrenœuds s'abouchent. — (β) graines qui succèdent à cet accouplement. — (γ) spires entrecroisées qui s'accouplent dans l'intérieur de chaque entrenœud.

FIG. 9, 10, 11. — Différens âges de cette Conferve, qui prennent, dans les descriptions, différens noms.

FIG. 12. — Touffe de filamens de grandeur naturelle.

FIG. 3. Touffe de *Conferva crispata* ou *glomerata* étalé dans l'eau, et, fixé sur un morceau de bois recouvert de vase; elle est vue de grandeur naturelle.

FIG. 2. — Une sommité du rameau grossie à la loupe.

FIG. 4. — Sommité de rameau observée au microscope.

FIG. 5. — Touffe de *Vaucheria dichotoma* de grandeur naturelle.

FIG. 6. — Une sommité de rameau examinée à la loupe.

FIG. 7. — Un fragment observé à un faible grossissement.

FIG. 8. — Le même se desséchant et devenant hispide sur ses organes générateurs.

N. B. L'étude des Confervacées a été, depuis Vaucher, dirigée plutôt vers la création des noms spécifiques, que vers l'histoire de chaque espèce en particulier. Nos catalogues sont encombrés de doubles emplois. Il n'est pas rare d'y trouver les divers âges de la même espèce décrits comme tout autant d'espèces différentes, et peut-être même de genres distincts.

PLANCHE LIX.

FIG. 1. — Anatomie de l'*Agaricus bulbosus* (AGARICINÉES, 1886), de grandeur naturelle. — (*bl*) bulbe ou volva. — (*cl*) stipe ou pédoncule. — (β) portion centrale et tubuleuse. — (*c*) cortine ou voile qui, dans le principe, recouvre les feuillets, et qui tombe ensuite le long du pédicule. — (ε) chair du chapeau. — (α) grands feuillets. — (δ, γ) petits feuillets, alternant entre eux, et avec les grands feuillets. — (*so*) spores considérablement grossis, qui s'échappent avec explosion de la substance de chaque feuillet, à la maturité.

FIG. 2. — Premier développement de ce champignon, observé sur une tranche longitudinale. — (*bl*) volva qui l'enveloppe. — (β) pédicule. — (ε) chapeau. — (α) feuillets.

Fig. 3. — Coupe longitudinale d'un *Boletus* (BOLÉTINÉES, 1887) de grandeur naturelle. — (*cl*) stipe ou pédicule amputé. — (*ε*) chair cotonneuse du chapeau. — (*α*) tubes agglutinés d'où s'échappent les spores (*so*).

Fig. 4. — *Polyporus* de grandeur naturelle. — (*β*) pédicule fort court, souvent nul, par lequel ce champignon s'applique contre la surface du bois pourri. — (*α*) feuillets réticulés tenant le milieu entre les feuillets des Agarics et les tubes des Bolets. — (*ε*) surface supérieure du chapeau. — (*β*) premier développement. — (*α*) première formation des tubes.

Fig. 5. — *Geastrum* (LYCOPERDINÉE, 1891) à demi ouvert. — (*rc*) espèce de grosse racine à laquelle le *peridium* est attaché. — (*α*) *peridium* qui s'ouvre en étoile, et comme en divisions pétaloïdes. — (*δ*) gros sporange blanc, dont la sommité va se perforer, pour éjaculer des bouffées de spores.

Fig. 6. — Organes reproducteurs de l'*Hydnum* (HYDNINÉE, 1888).

Fig. 7. Sommité d'une expansion du *Lichen pulmonarius* (LICHÉNINÉE, 1890). — (*α*) *scutelles* que l'on regarde comme les organes femelles. — (*γ*) grandes cellules gaufrées. — (*β*) interstices couverts d'une poussière qui me parait être l'analogue de la poussière mâle.

Fig. 8. — *Pilobolus crystallinus* grossi à la loupe (MUCÉDINÉE, 1895).

Fig. 9. — *Auricularia* venu sur un Mycoderme épais, formé à la surface d'un liquide saturé de farine et d'acide oxalique (PÉZIZINÉE, 1889). — (*β*) point d'attache. — (*α*) surface inférieure du chapeau. — (*γ*) surface du pédicule. — (*ε*) chair de la surface supérieure. — (*δ*) chair intermédiaire entre celle-ci et la surface inférieure (*i*).

Fig. 10. — Conferve qui vient sur les vitres humides exposées à la lumière. — (*β*) rameaux qui, en s'accouplant entre eux, donnent naissance aux gemmes papillaires verdâtres (*α*), lesquelles en sont les organes reproducteurs.

Fig. 14. — Ulvacée (1898) que nous avons trouvée, pour la première fois, dans les excrémens de l'Alcyonelle des étangs, en 1826.

Fig. 13. — Autre Ulvacée, trouvée pour la première fois dans la même circonstance. Ne serait-ce pas un *Gonium* privé de la vie ?

Fig. 11, 12. — Deux formes de *Mucor* (MUCÉDINÉE, 1895), avec leurs spores (*so*), qui commencent à se détacher. Elles sont vues à un grossissement exagéré ; — $\frac{1}{+}$ vu à la loupe.

PLANCHE LX.

Fig. 1. — (*ino*) entrenœud de *Chara hispida* (CHARACÉE, 1904) avec ses deux articulations (*no*) dont nous avons retranché au ciseau les deux verticilles. — (*g*) gemme jeune, c'est-à-dire entrenœud commençant à se développer, et qui, à cet âge, offre la structure de la graine (o). — *(β)* verticille jeune de rameaux qui figure le stigmate. — *(an)* anthère sphérique purpurine. Ces organes, pour la facilité de la démonstration, ont été plus grossis que l'entrenœud sur lequel ils reposent. — *(an α)* anthère vue par réflection à un fort grossissement ; à l'état fossile, elle prend le nom de Gyrogonite (1858). — *(an β)* la même, vue par réfraction, imitant les sporanges des fougères, par la bordure que les spires semblent former sur la portion transparente du *theca*. — *(pn)* pollen vermiculé, à spires distinctes, qui remplit la capacité du second *theca*, que l'on aperçoit comme une grosse boule opaque, à travers les spires transparentes du test extérieur *(an β)*.

Fig. 2. — Tube interne du *Chara*, lié aux deux points marqués *(α)* de l'entrenœud, coupé entre ces deux points et chaque articulation, et produisant, par la cicatrisation des deux extrémités, une cellule artificielle, dans le sein de laquelle la circulation continue, comme si la cellule tenait encore à l'entrenœud (600).

Fig. 3. — La même cellule artificielle, coupée au rasoir par le milieu de sa longueur. — *(γ)* parois de la cellule hyaline et cartilagineuse. — *(β)* membrane verte qui tapisse cette paroi, et qui paraît être l'âme de la circulation intestine. — *(α)* coagulation du suc albumineux qui est expulsé au dehors.

Fig. 4. — Péristome de l'urne du *Polytrichum* (Musciacée, 1908) (*Voy.* pl. xlvii, fig. 6). — *(δ)* trente-deux dents réunies au sommet par une membrane ombiliquée. — *(γ)* opercule qui recouvrait cet appareil et se soudait avec les bords du péristome. — *(α)* coiffe feutrée qui recouvre et l'opercule et l'urne.

Fig. 5. — Moitié de l'appareil qui est fixé sur le péristome des *Hypnum* (Musciacée, 1908). — *(δ)* seize dents coriaces, portant les empreintes transversales des spires dont la dilatation a contribué à la déhiscence. — *(ε)* seize dents membraneuses carinées, et se plissant pour fermer l'ouverture du péristome ; elles sont séparées par des poils, dont l'absence et l'irrégularité constitue les caractères des genres *Leskea* et *Bryum*. — *(β)* coiffe fendue par devant. — *(ur* urne *)* — *(γ)* opercule qui, dans certaines espèces, acquiert un bec aussi long que celui de la coiffe.

Fig. 6. — *(ur)* Sommité de l'urne du *Tortula*. — *(δ)* spires qui en terminent le péristome.

Fig. 7. — Péristome vu de champ de l'*Orthotrichum*. — *(δ)* Dents réfléchies. — *(ε)* dents convergentes. Le nombre des dents varie selon que deux ou trois s'agglutinent ensemble.

Fig. 8. — *(ε)* Forme de dents se bifurquant chacune en deux poils. Elles hérissent le péristome des *Dicranum*.

Fig. 9. Individu tout entier du *Phascum subulatum*. — *(ur)* urne sessile, au cœur de ses feuilles qui deviennent subulées, à mesure qu'elles approchent de la fin de la spirale. Cette plante est considérablement grossie ; on ne la distingue à terre que par les couches vertes que ses petites forêts y forment.

Fig. 10. — Sommité du *Dicranum adianthoides*, à feuilles (*fi*) ailées sur le dos (57, 15°), et embrassant la tige (*cl*) par leur dédoublement. — (*g*) gemme terminale qui deviendrait urne, si la feuille, dans l'aisselle de laquelle elle est située, ne se fendait pas sur un bord. Dans ce cas, la feuille terminale deviendrait la coiffe de l'urne (Fig. 5, *β*).

Fig. 11. Sommité de rameau de *Jungermannia* (Hépaticacée, 1906). Sur une face, les feuilles (*fi*) distiques, sont munies, à leur base, d'une stipule chacune (*sti*). — (*inv*) cupule ciliée, espèce d'involucre herbacé, du sein duquel s'élève le pédicule (*pd*) qui supporte l'urne (*ur*).

Fig. 12. — Sommité anormale d'un rameau d'une autre espèce. — (*fi*) feuilles qui avortent plus haut, en un capitule, papillaire comme un stigmate, ou comme une sommité de gemmes rudimentaires.

FIN DE L'EXPLICATION DES PLANCHES.

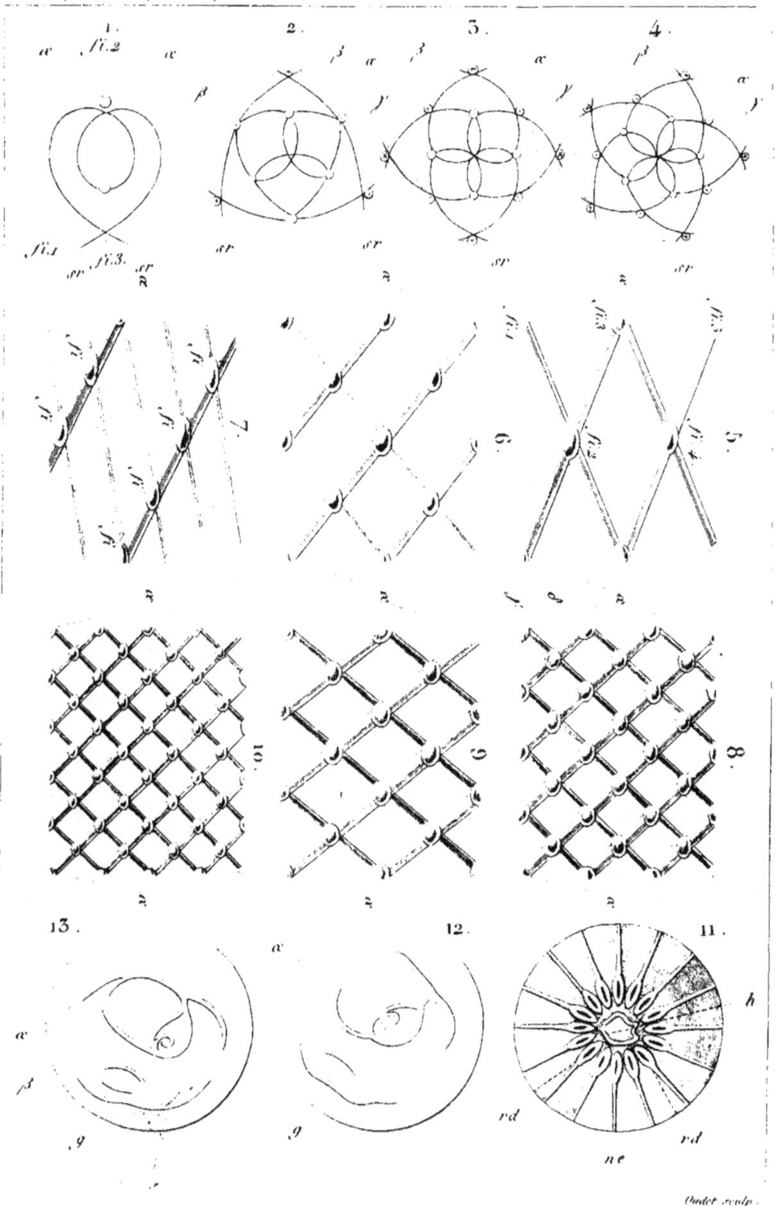

Oudet sculp.

1-10, *théorie spiro-vésiculaire*. — 11-13, *anatomie de la bulbe.*

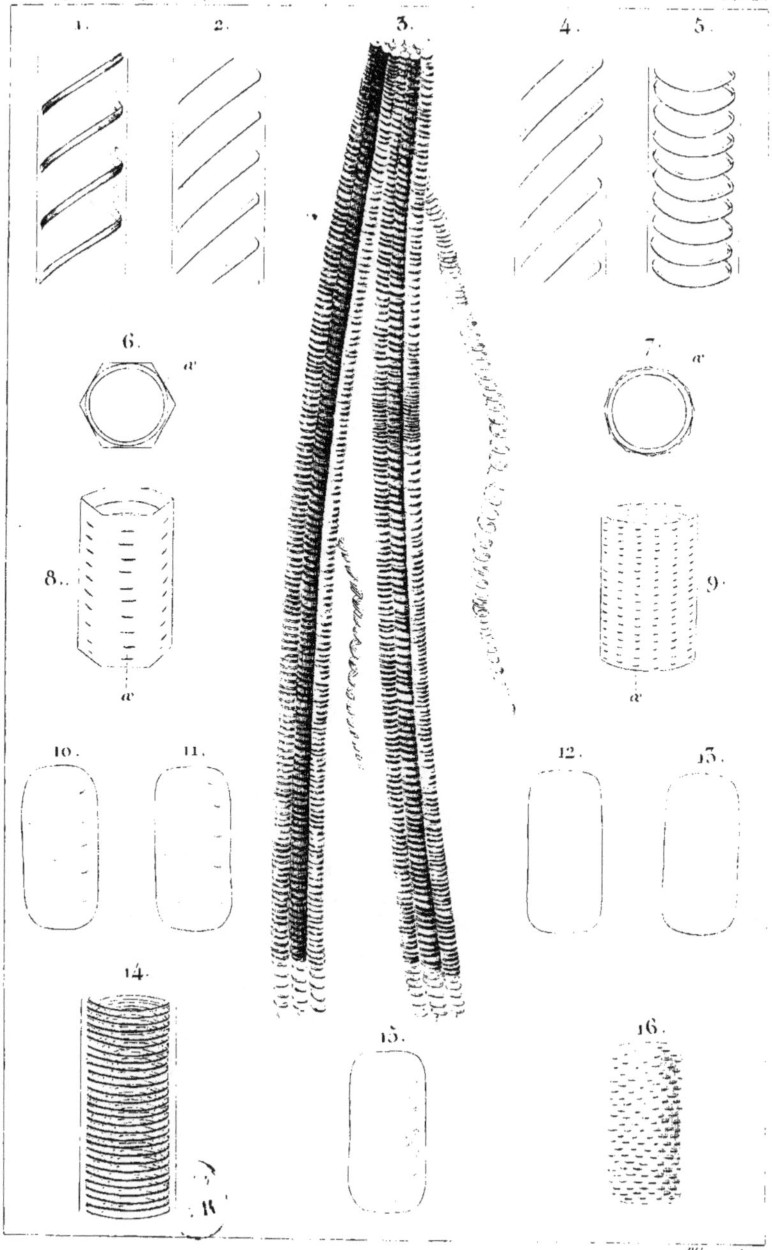

Anatomie du Système vasculaire.

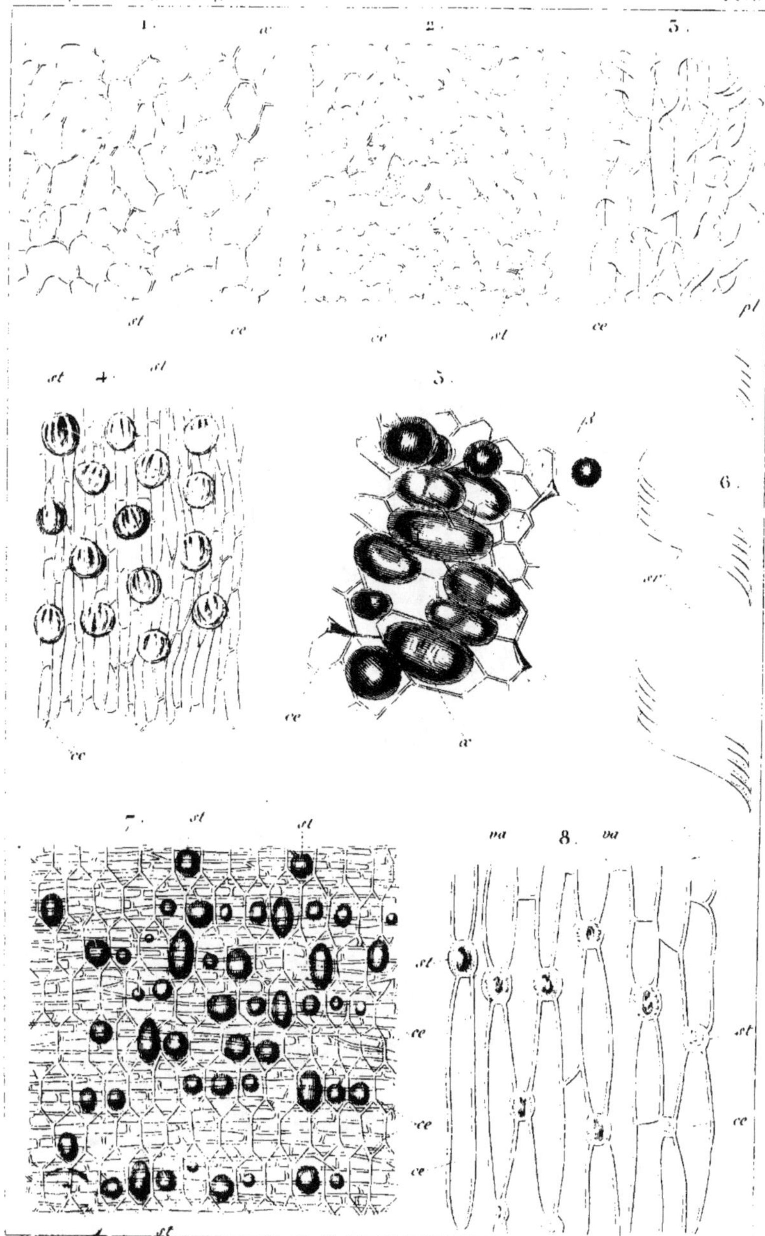

1. épiderme de la page supérieure de l'Ipomœa coccinea. — 2. id. de la page inférieure. — 3. id. de la page inférieure du Nerium oleander. — 4, 7. id. de la page inférieure du Canna. — 8. id. de la feuille d'Iris. — 5. tissu cellulaire du Cucumis colocynthis. — 6. Canna indica.

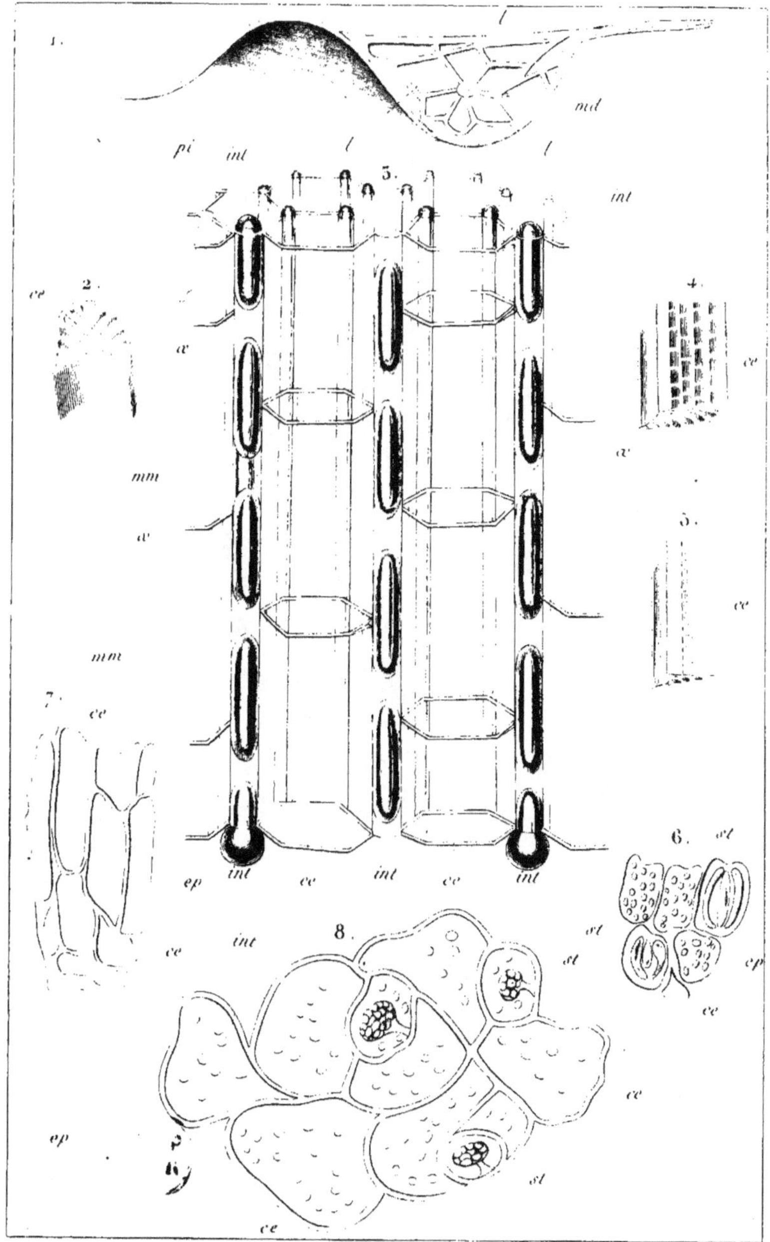

1. 6. 7. Alisma plantago. — 2. 4. 5. *pétiole d'une feuille de* Canna. — 3. *tissu de la tige du* Momordica elaterium × 100. — 6. Sedum.

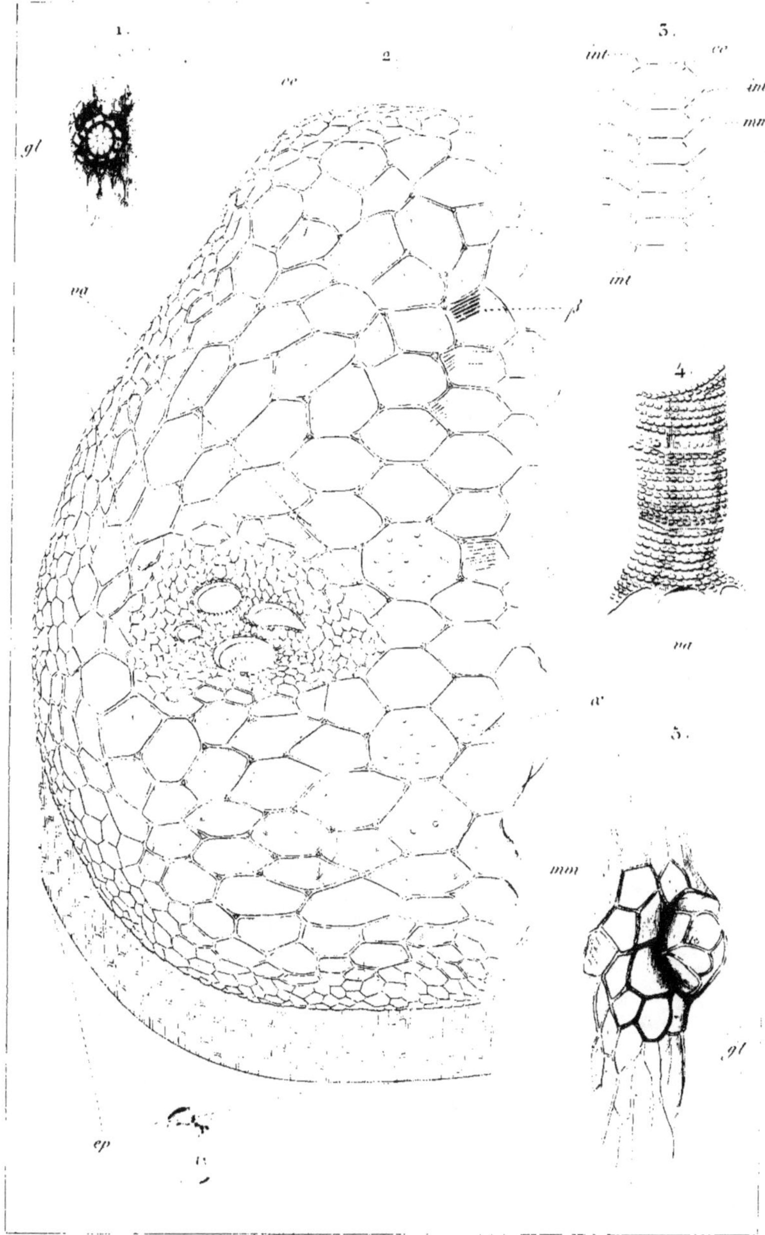

Cucumis sativus × 100.

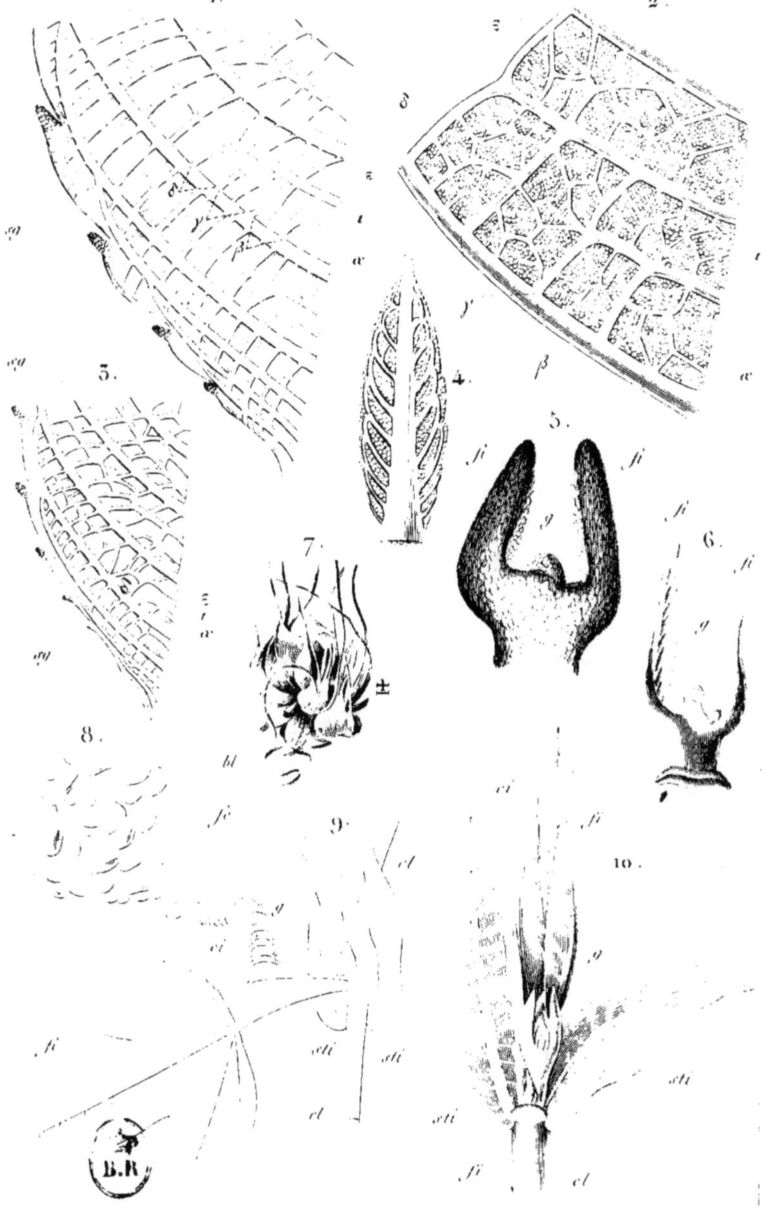

1, 2, 3, 4, 5, 6, *développement de la feuille* (Impatiens noli tangere) : (fig. 5 × 100. — fig. 6. × 50. — fig. 4 = 2 millim. — fig. 3, fragment d'une feuille de 6 millim. de long. — fig. 1. id. d'une feuille de 12 millim. de long. — fig. 2. id. d'une feuille de 17 millim. de long) — 7, 8 *bulbilles et fécule de l'Oxalis violacea* — 9, 10 *Passiflora alba*.

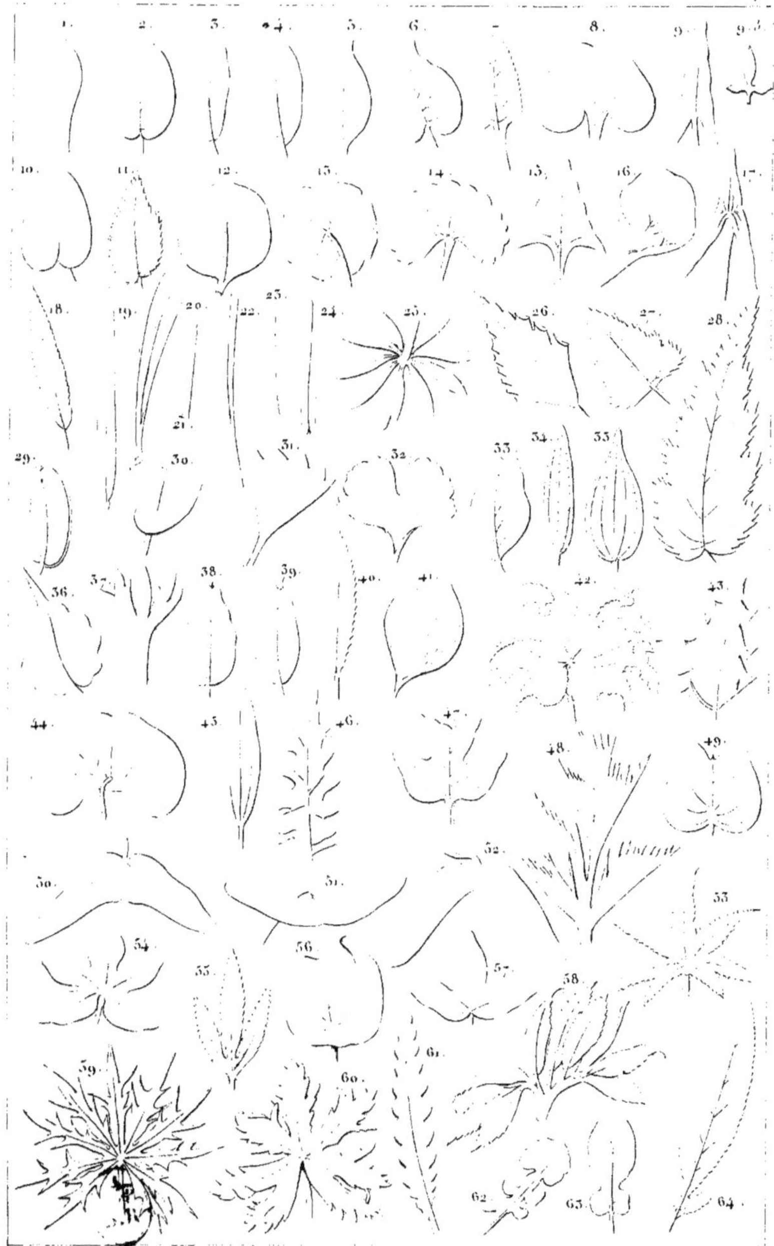

Nomenclature de la Feuille.

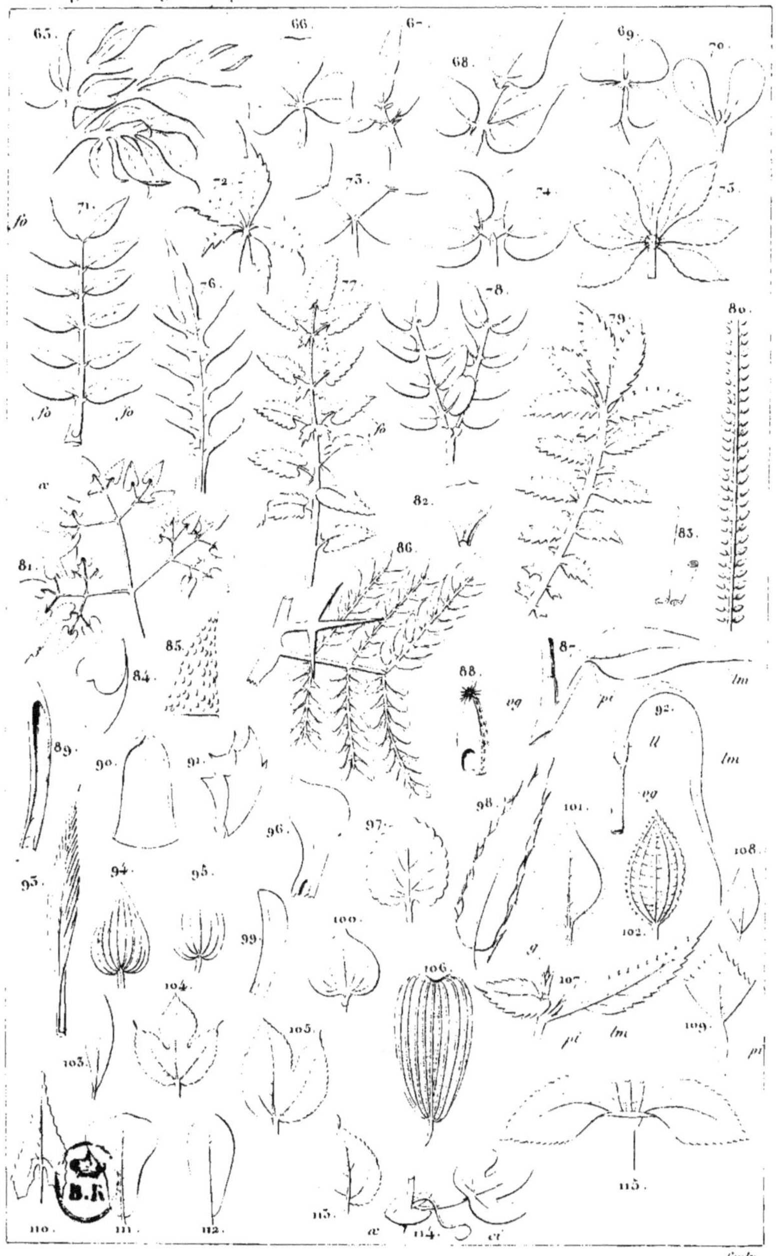

Nomenclature de la Feuille.

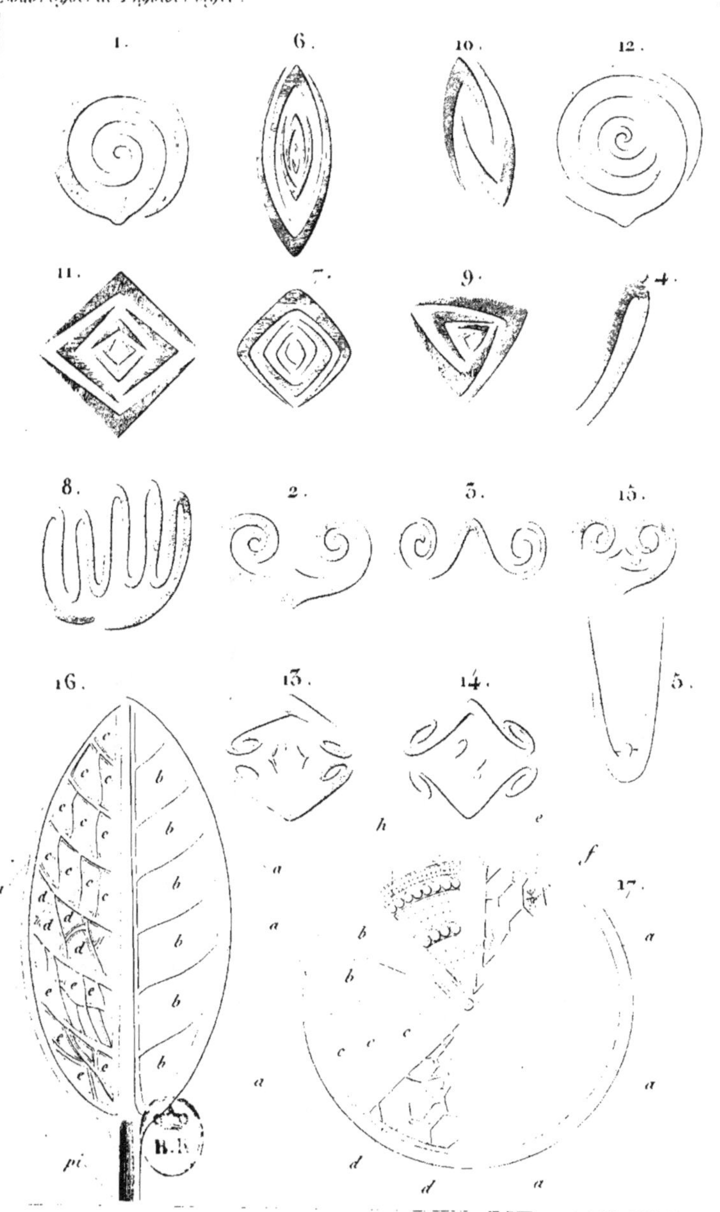

Oudet sculp.

1-15, *préfoliation* — 16, 17, *théorie de la feuille et du tronc.*

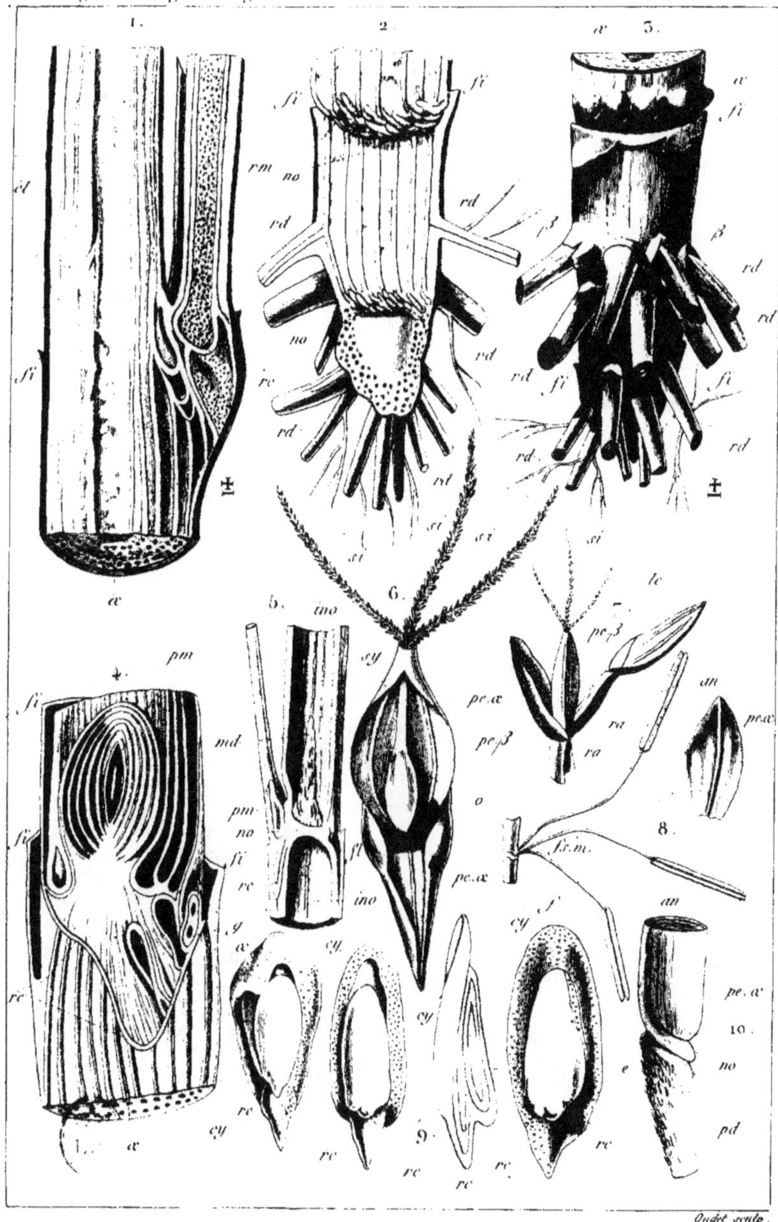

Oudet sculp.

1, anatomie d'un bourgeon d'Iris. —— 2, 3, système radiculaire d'une tige âgée de maïs. — 4, anatomie d'une plumule avancée du maïs. — 5, panicule du Poa aqualica, Melica nob. — 6, 7, 8, Carex glauca. — 9, embryons d'un grain à demi ergoté d'orge. —— 10, articulation de la fleur des graminées.

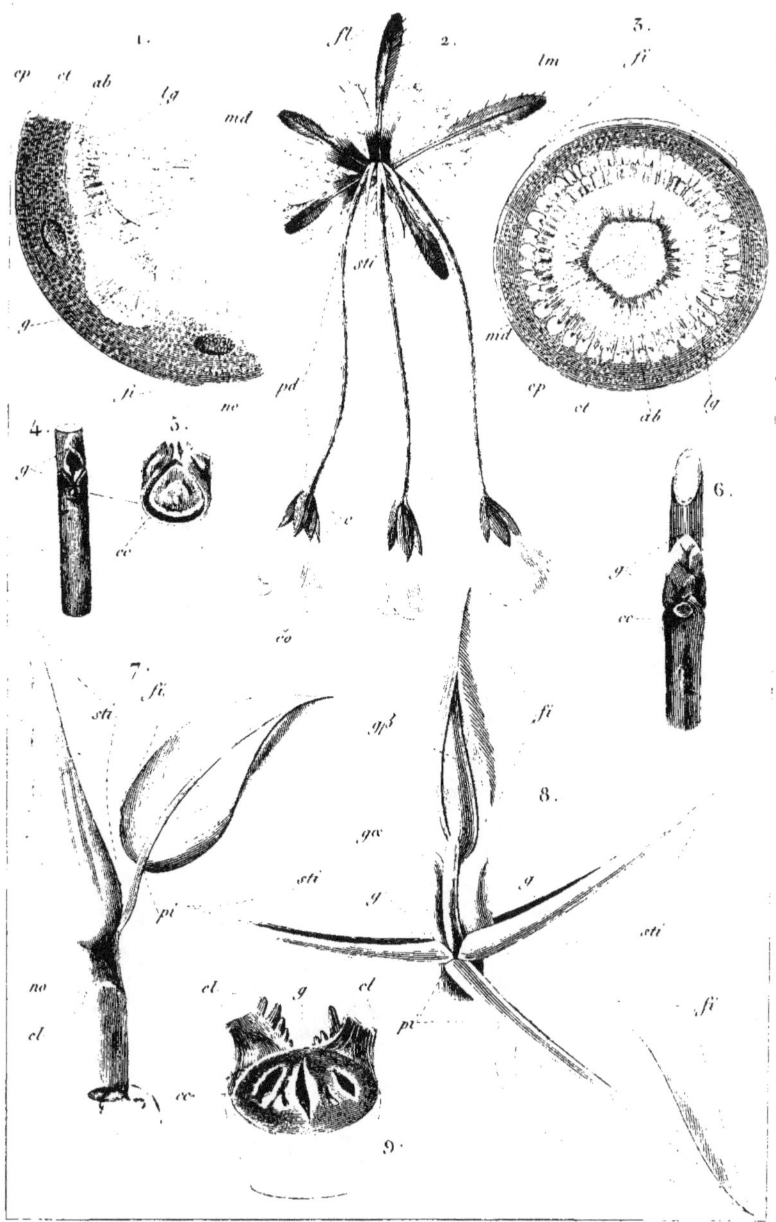

1, 3. Sections transversales d'une tige de Pêcher âgée d'un an. — 4 et 5. bourgeon à bois du Pêcher. — 6. bourgeon à fruit isolé dans l'aisselle de la feuille du Pêcher — 9. Cicatricule du Pêcher. — 2. bourgeon à fleur épanoui du Cerisier. — 7. 8. Ficus rubiginosa.

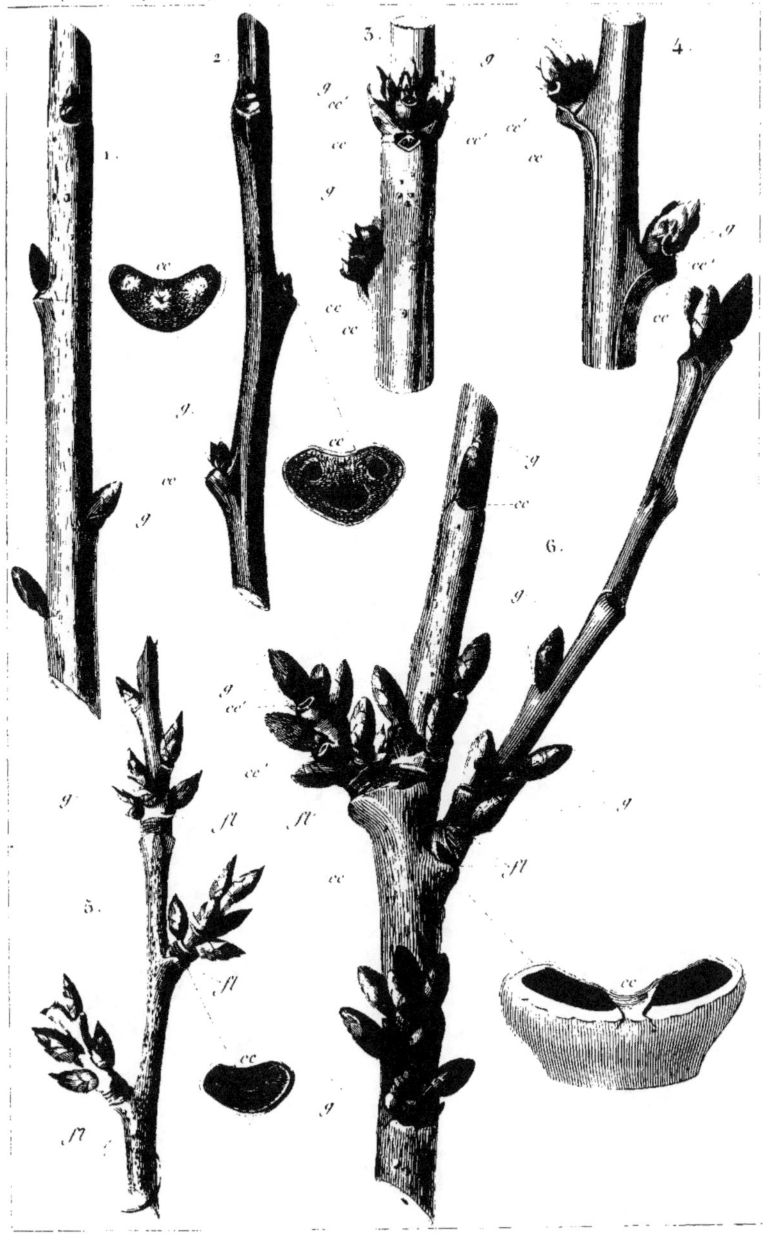

1. branche à bois du Cerisier. — 6. branche à fruit du même. — 3,4. branche à fruit du Pêcher à triple bourgeon. — 2. branche à bois du Prunier. — 5. branche à fruit du même.

Bourgeons à chatons mâles du Peuplier.

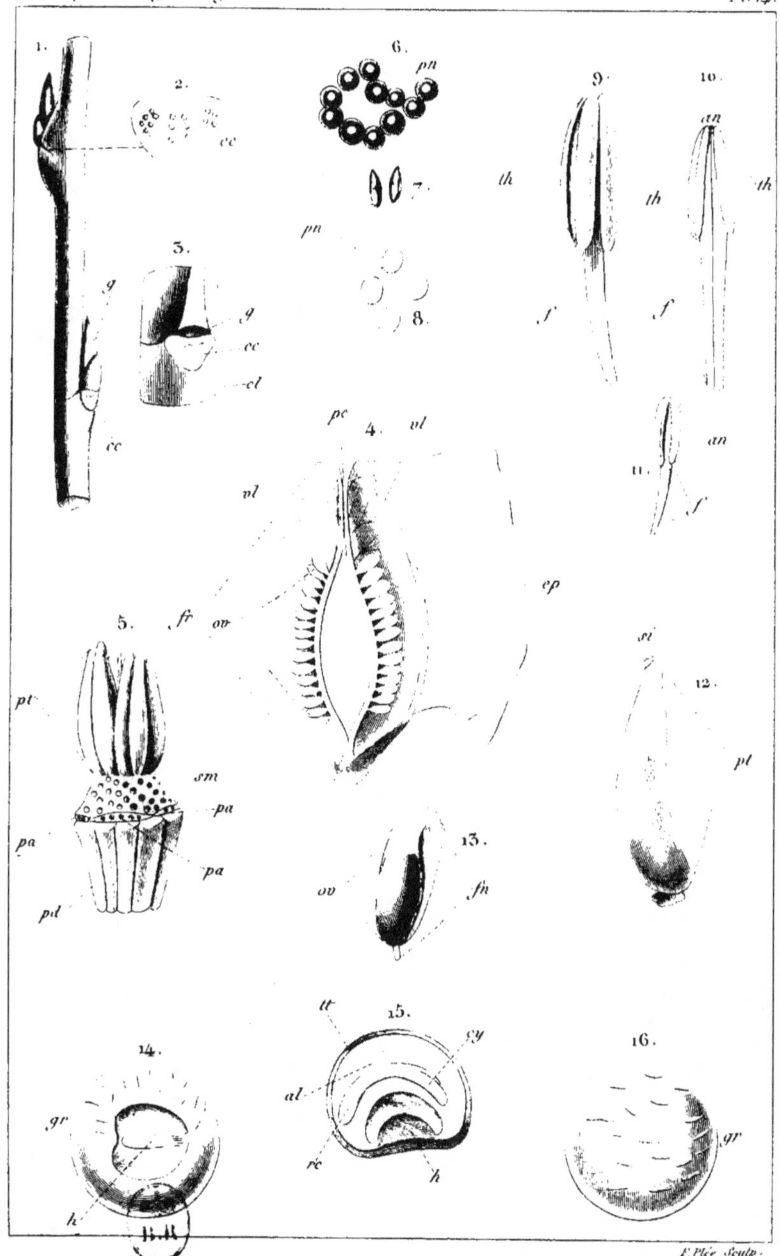

F. Plée Sculp.

1. 2. 3. Salix. — 4, 5, 6, 7, 8, 9, 10, 11, 12, 13. Caltha palustris. —
14. 15. 16. Asperula arvensis.

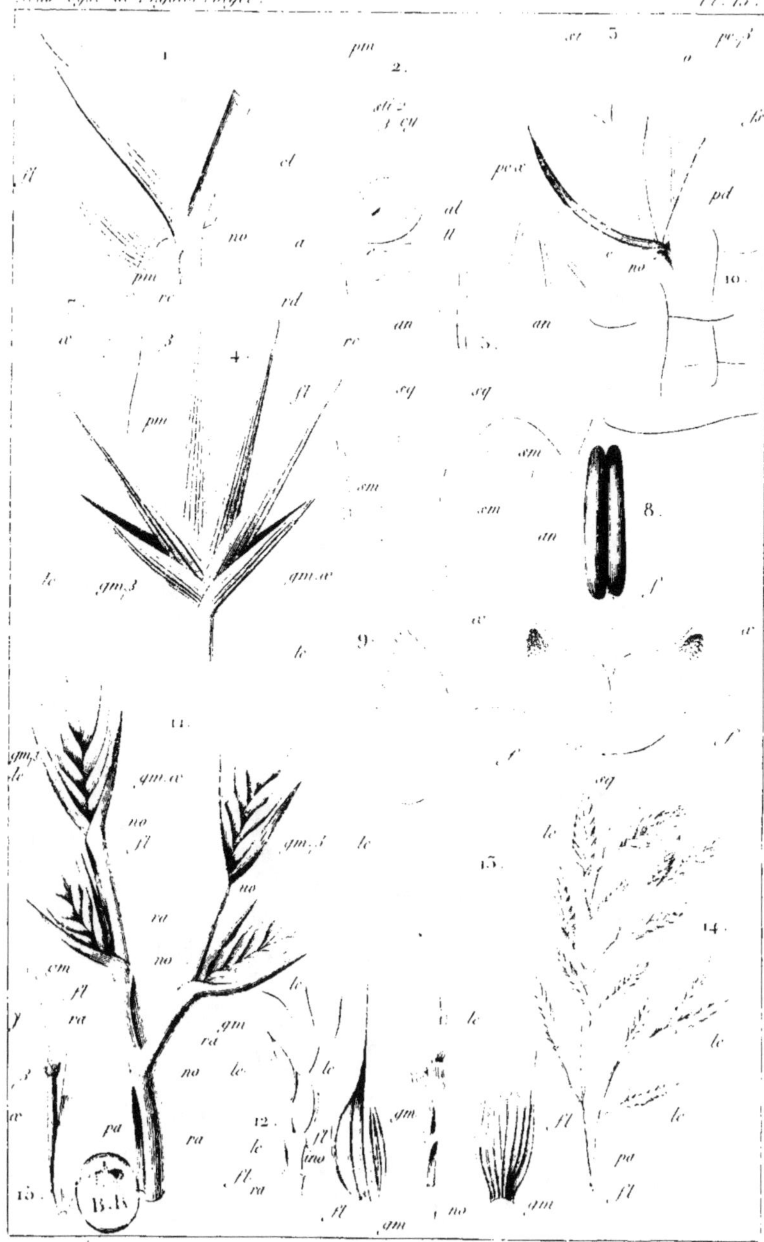

1, 2, 3, 4, analogie de structure entre les appareils que supportent les articulations caulinaires, embryonnaires, florales des Graminées. — 5, déviation de l'appareil mâle de la même famille — 9, écaille de l'écréale. — 8, sa coloration par l'iode. — 11, Lolium rameux. — 14, Festuca elatior. — 12, structure de l'épi de blé. — 13, structure de l'épi d'Egilops. — 15, arête de l'Aira canescens.

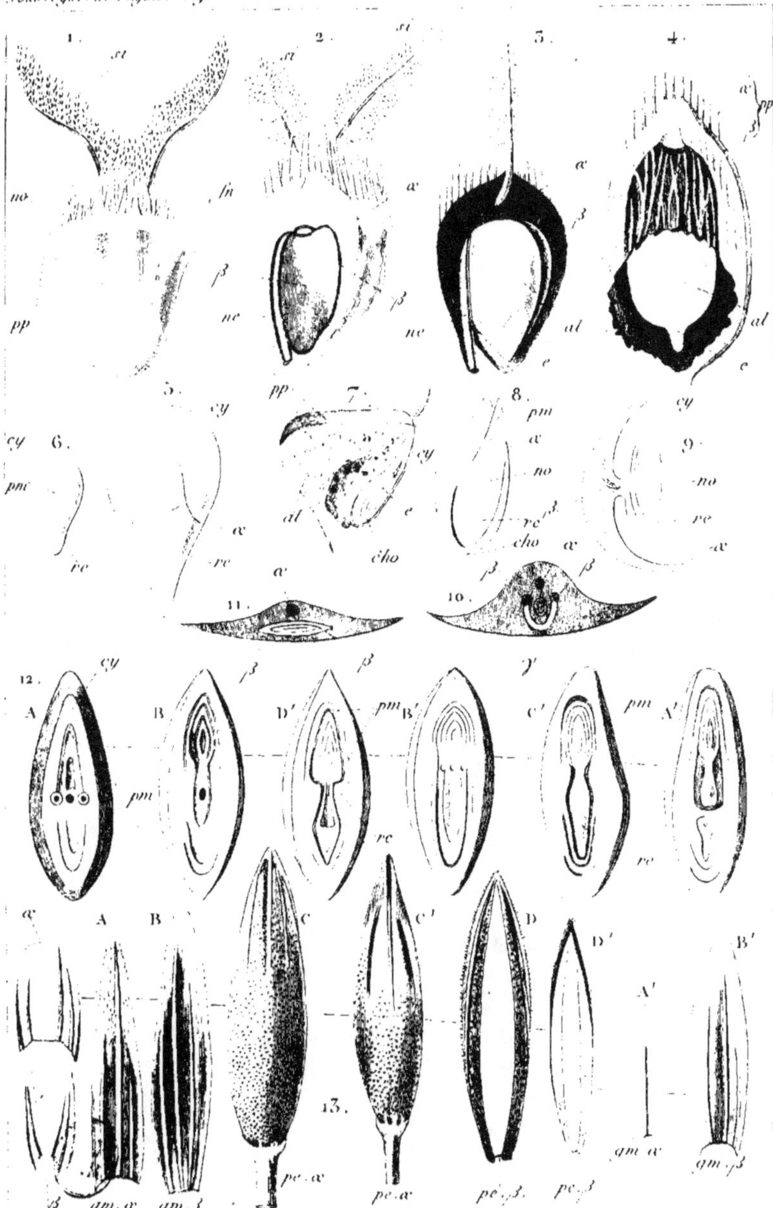

Oudet Sculpsit

1–6, analyse de l'ovaire du Froment avant et après la fécondation. — 7–12, analyse de la graine et de l'embryon du Maïs. — 13 α et β, 2ᵉ glume avortée du Lolium. A.B.C.D. Festuca loliacea. A'.B'.C'.D'. Festuca elatior.

1, 2, 3, 4, 5, 6, 7, —, 11, analyse de l'épi mâle et de l'épi femelle du maïs normal. — 8, 9, 10, 12, 13, 14, 15, analyse d'un épi anormal de la même espèce. — 16, Sorghum. — 17, id.

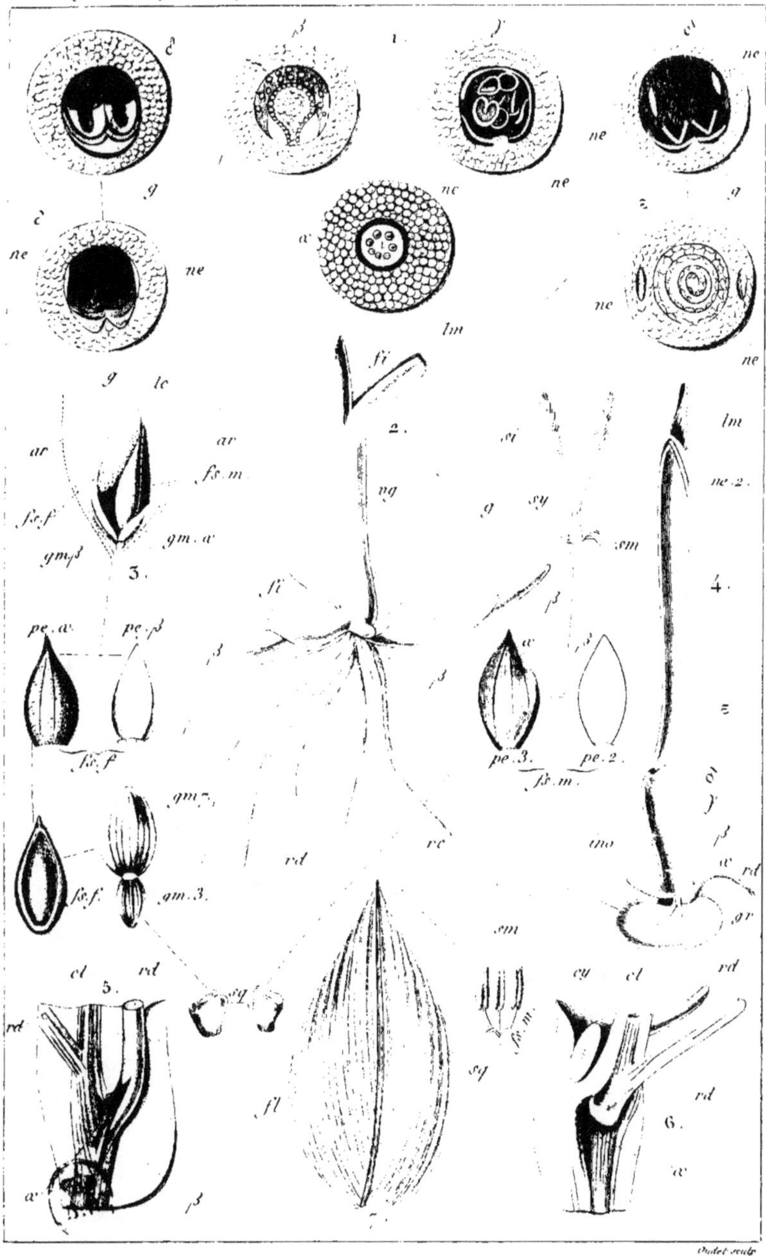

1, 4, 5, 6, 7, *anatomie de la tige du Maïs en germination.* — 2, *jeune Chaume du Poa annua.* — 3, *analyse d'un Panicum setaria exotique.*

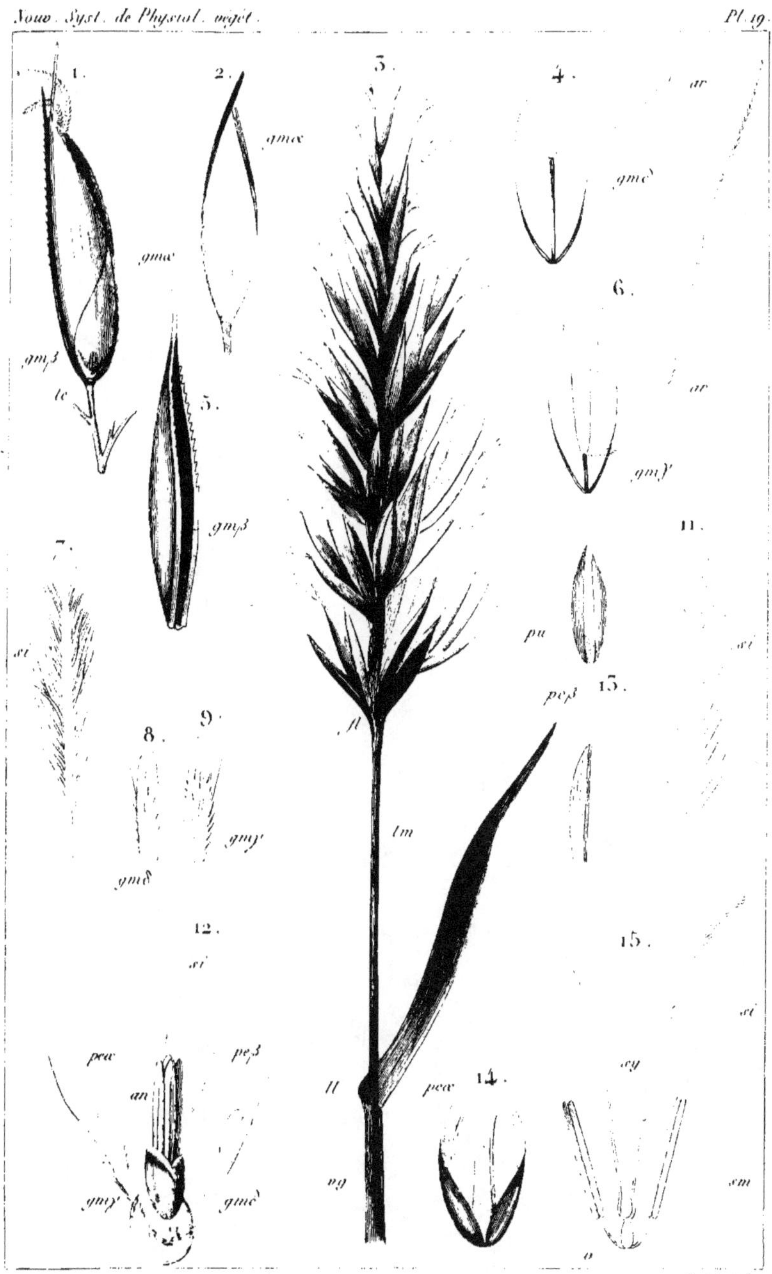

Anthoxanthum odoratum.

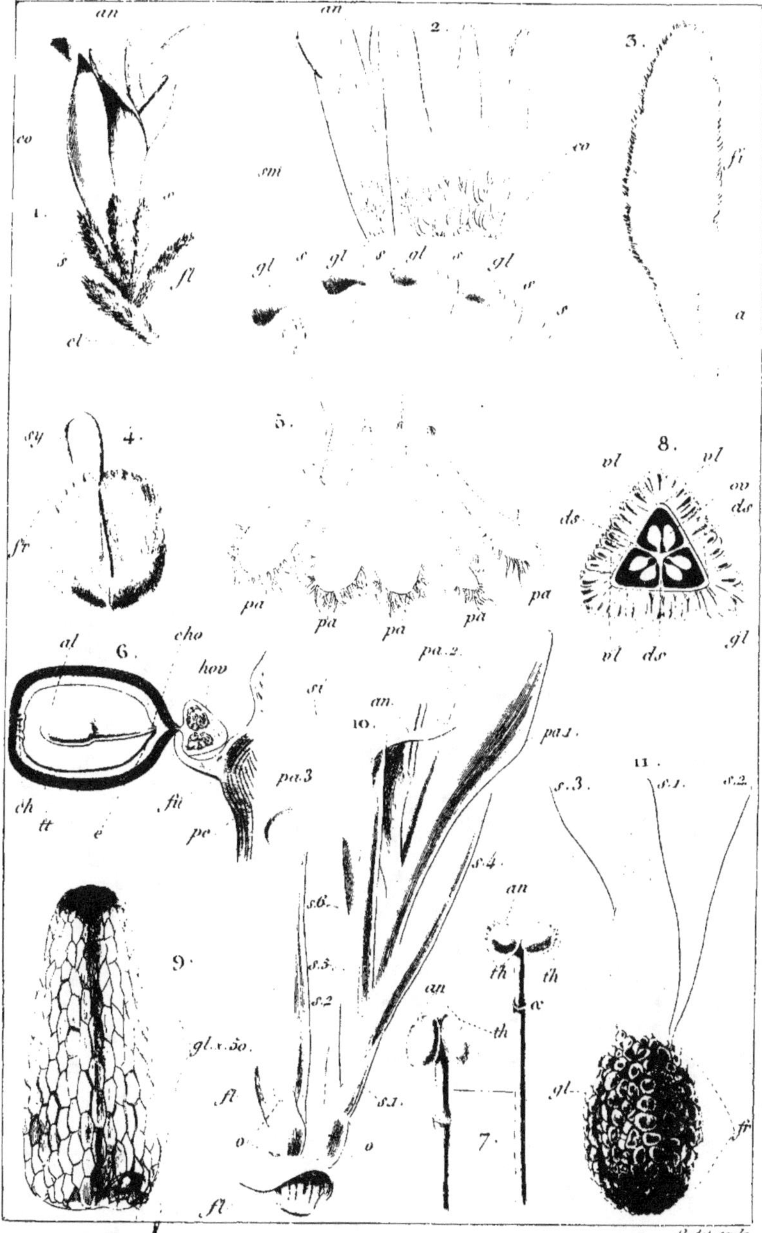

1, 2, 3, 4, Veronica spicata. — 5, 7, Euphorbia ceratocarpa. — 6, coupe de la graine des Euphorbes. — 8, 9, 10, 11, Canna.

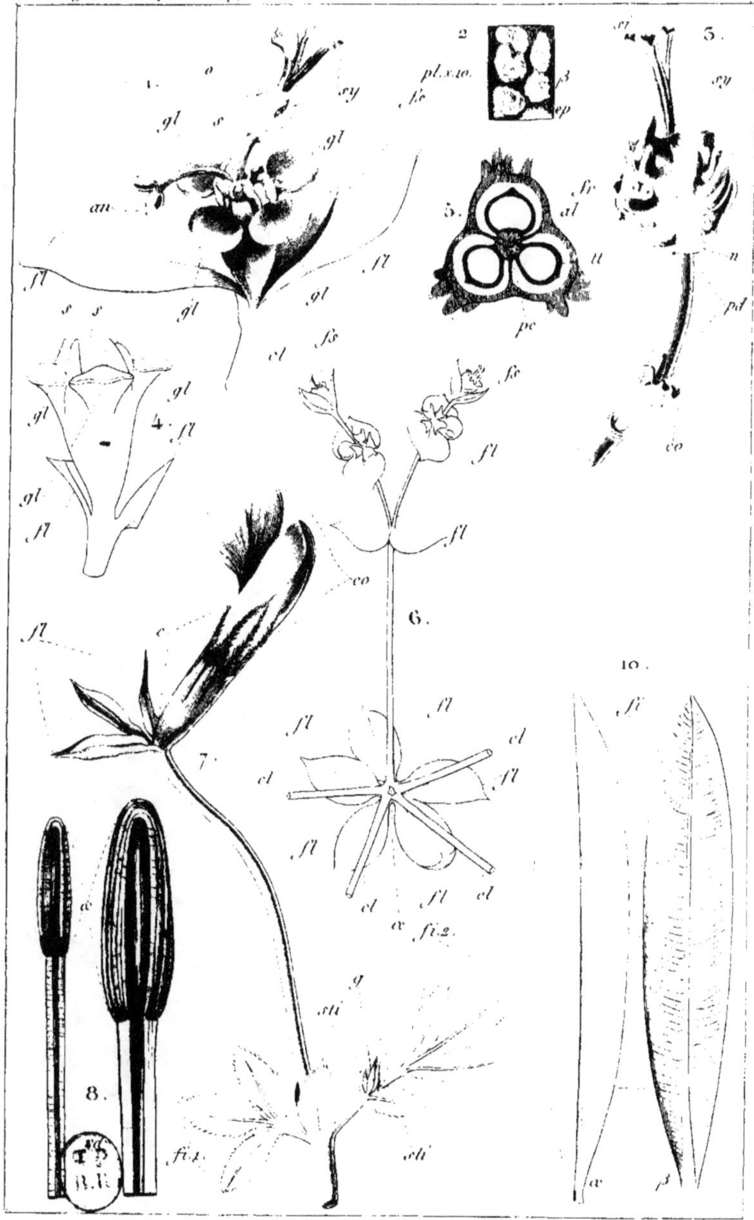

Oudet sculp.

1, 3, 4, 5, 6, Euphorbia ceratocarpa. — 7, Lotus siliquosus. — 8, Lemna. — 2, 10, Nerium oleander.

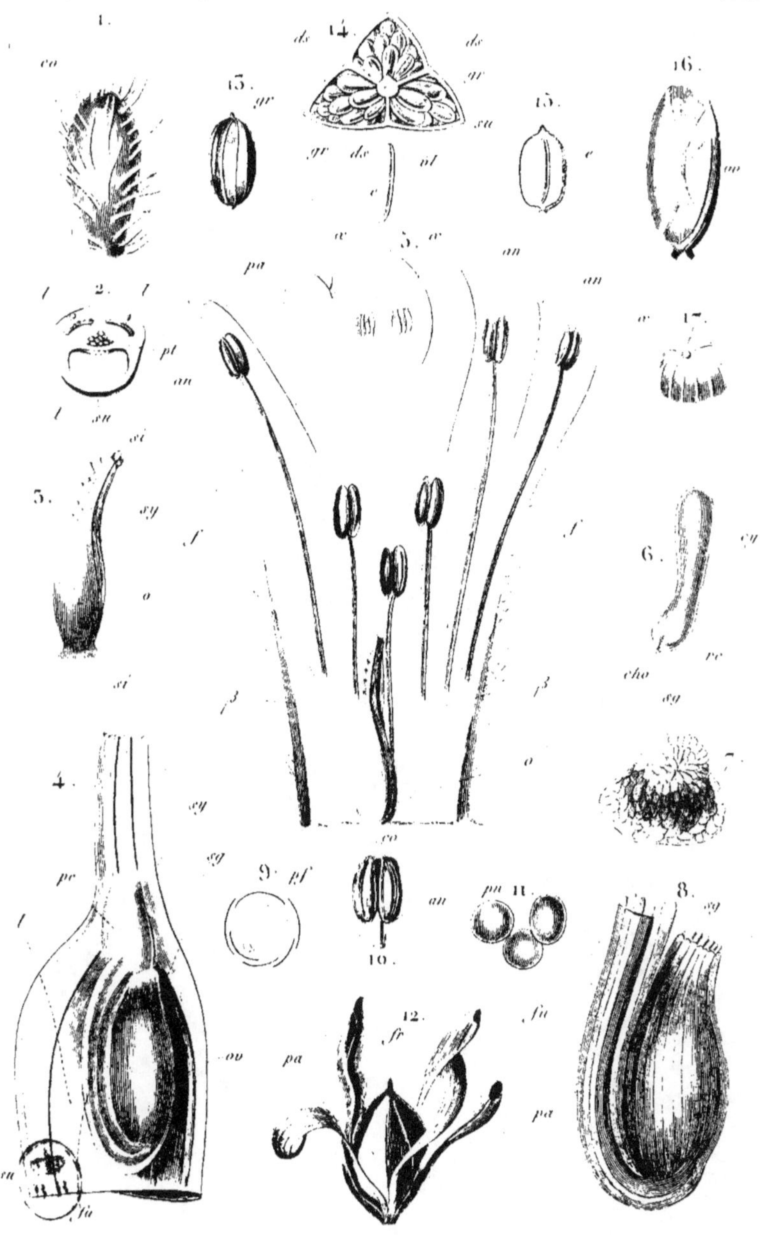

1-11. Pontederia cordata. — 12-17. Pontederia hastata.

Oudet sculp.

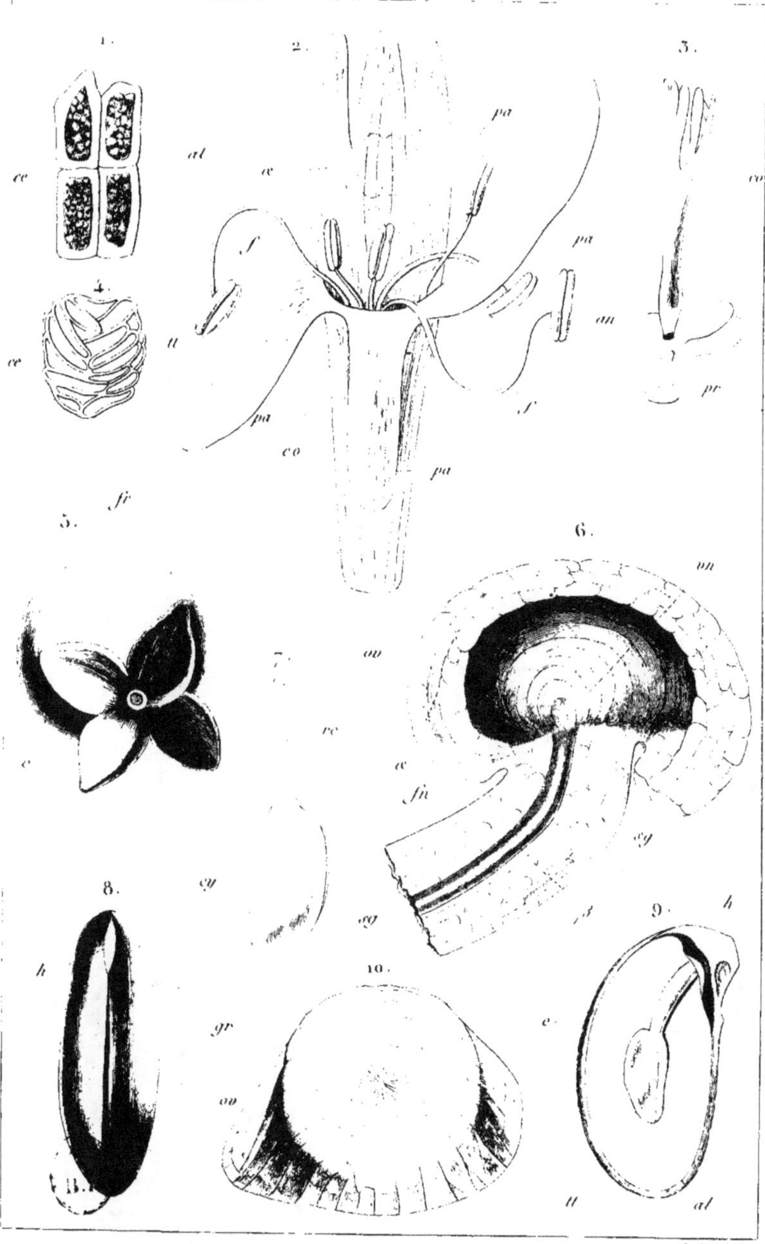

2,5. Pontederia cordata. — 1,4,5,7,8,9. Diospyros lotus. — 6,10. Raphanus raphanistrum × 100.

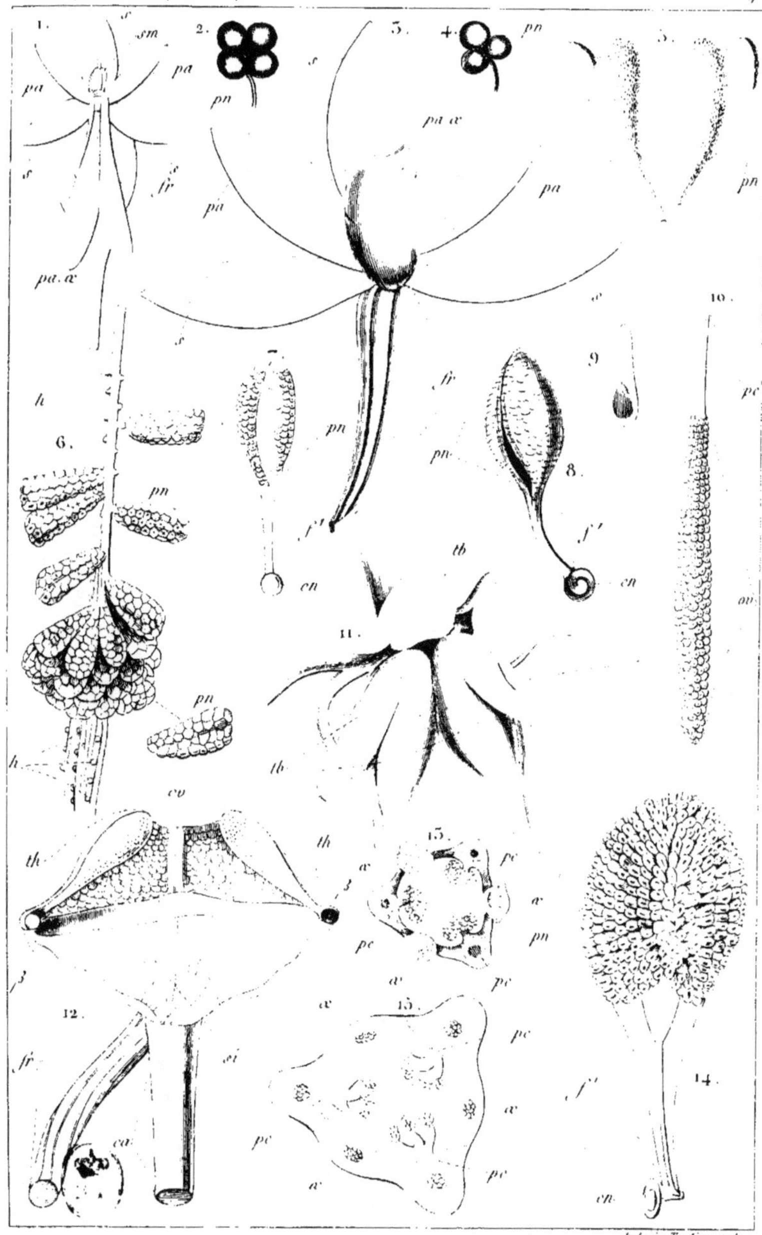

1, 2, 4, 5, 9, Ophrys ovata. — 3, 13, 15, Serapias grandiflora. — 6, 7, 8, 10, 12, 14, Orchis bifolia. — 11 Orchis latifolia.

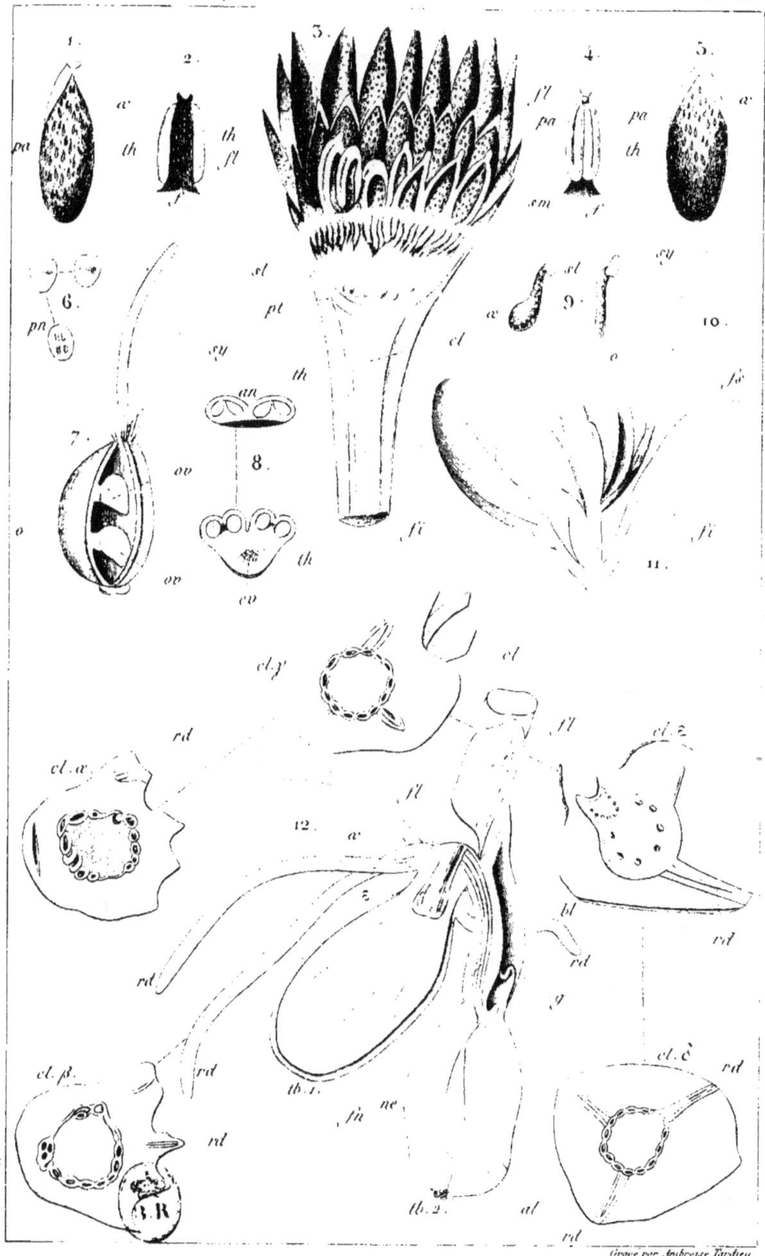

1-11. Calycanthus floridus. — 12. anatomie de la tige et des tubercules de l'Orchis cercopitheca.

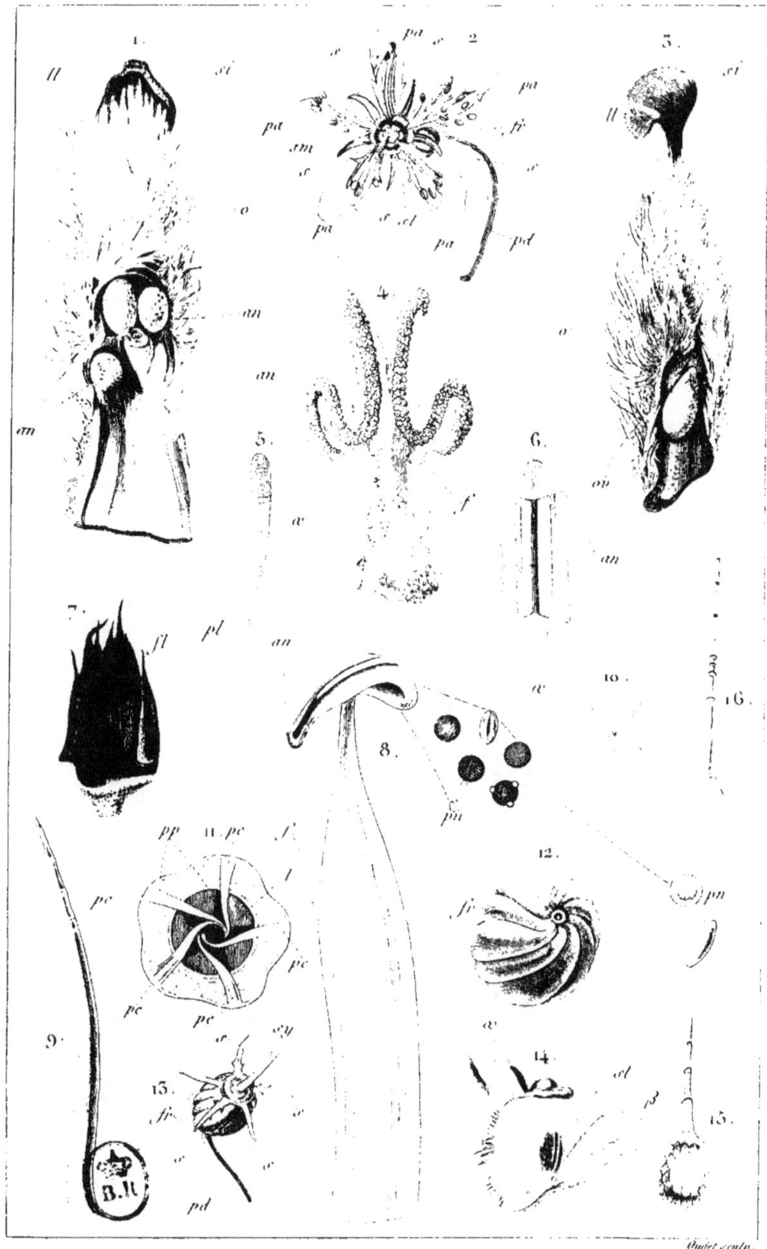

1, 3, 7, *déviations des pistils de la Pivoine.* — 2, 11, 12, 13, 14, *Blumenbachia insignis.* — 4, 5, 6, *Momordica elaterium.* — 8, *Ornithogalum.* — 9, 10, 15, 16, *Poils de diverses Cucurbitacées.*

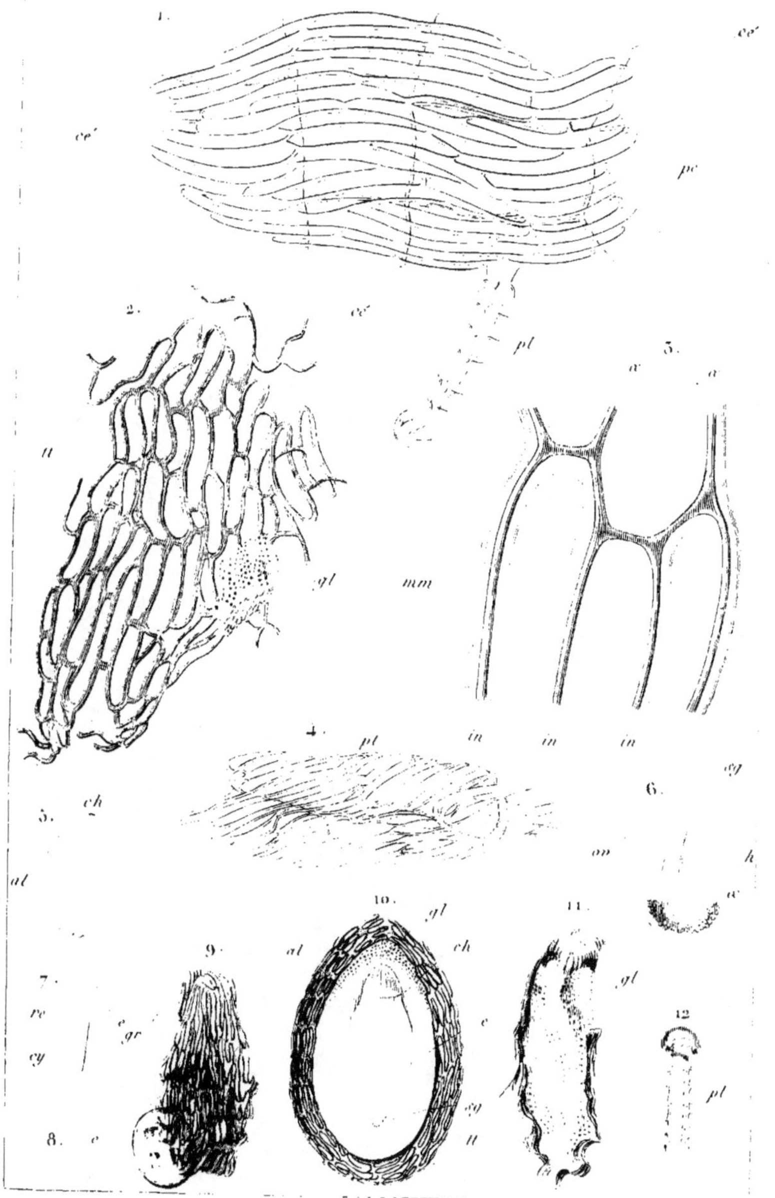

Oudet sculp.

Anatomie du fruit du Blumenbachia.

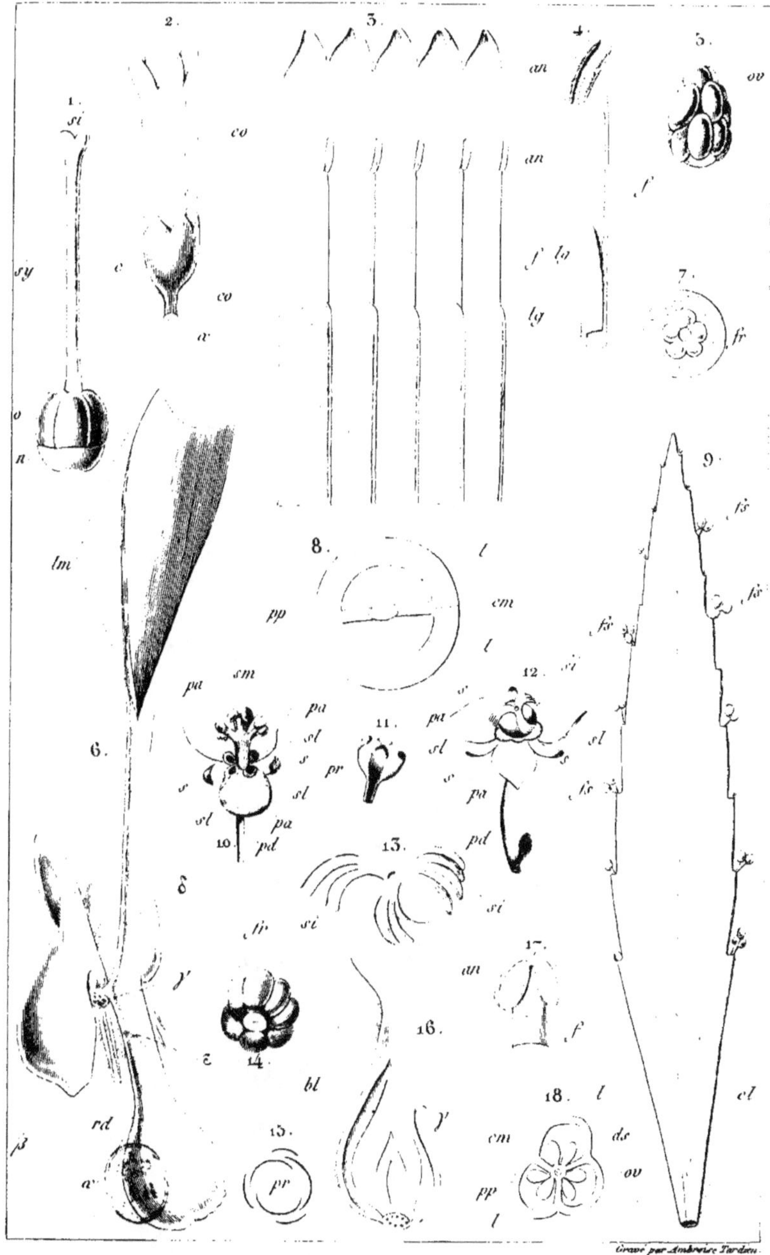

1. 2. 3. 4. 5. 7. 8. Cestrum Laurifolium. — 6. 16. *anatomie et développement des bulbes du* Tulipa hortensis. — 9. 10. 11. 12. 13. 14. 15. 16. 17. 18. Xylophylla angustifolia.

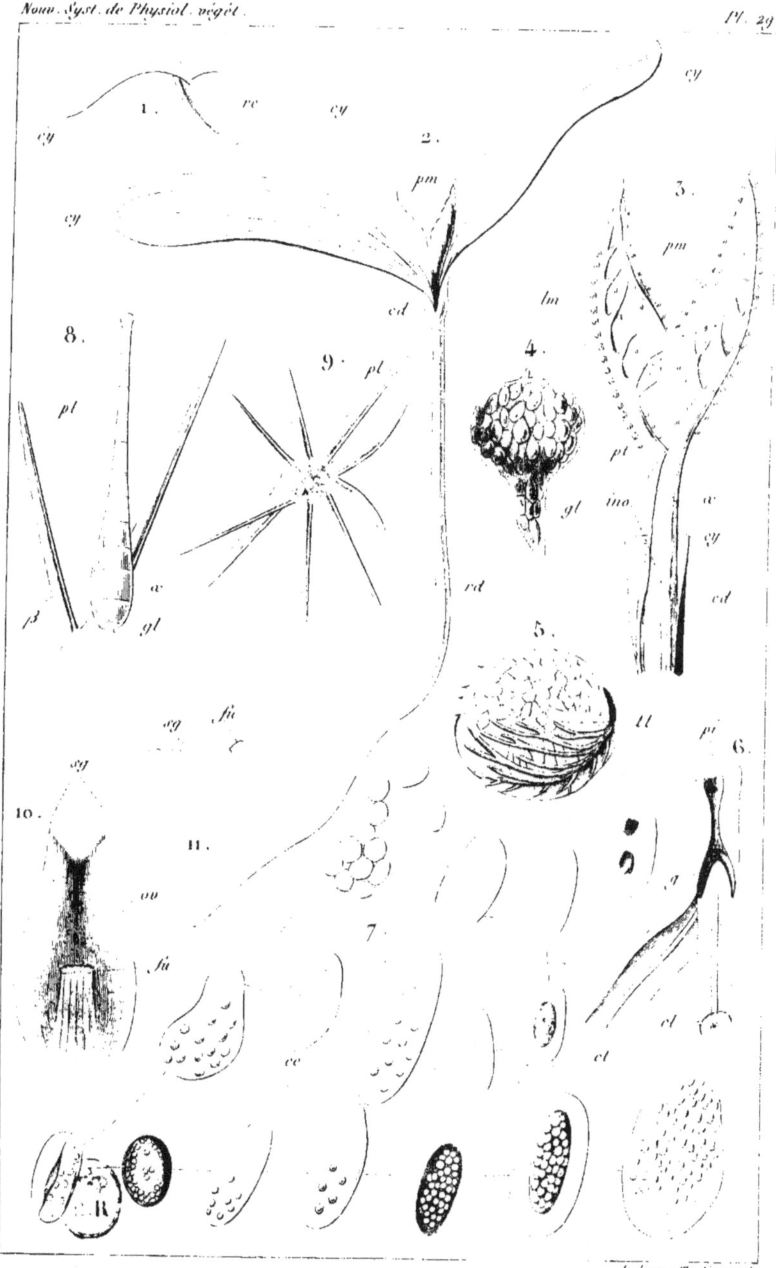

1, 2, 3, 4, 5, 6, 7, *Germination de l'Acer Platanoïdes*. — 8, *poil de Cucurbitacée*. — 9, *poil de Malva sericea*. — 10, 11, *ovule très jeune du Chelidonium majus*.

Analyse de la fleur et du fruit de l'Acer platanoïdes.

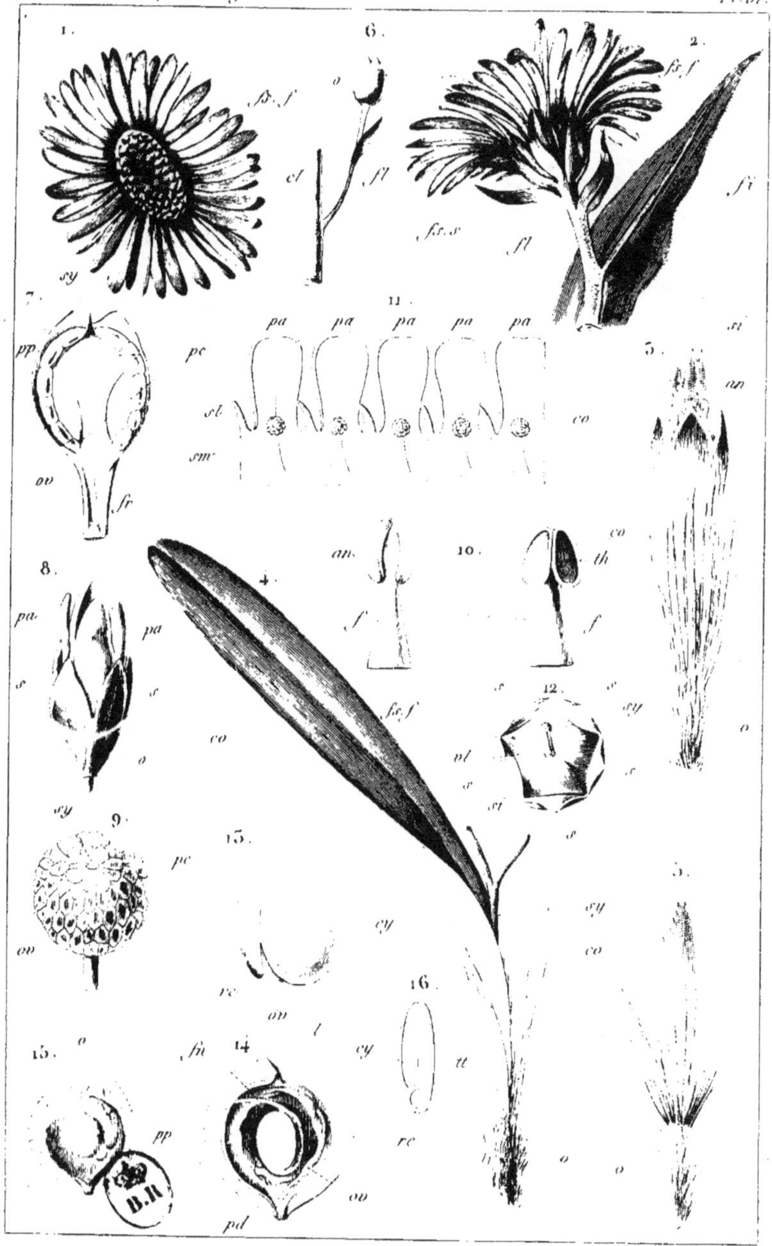

1,2,3,4,5. Aster novæ angliæ. —— 6 — 12, Samolus Valerandi. — 13 — 16, Clypeola jonthlaspi.

Gravé par Ambroise Tardieu.

1, 2, 3, 4, 5, 6, -, 8, Scabiosa atropurpurea. — 9, 10, 11, 12, 13, Cardiospermum halicacabum.

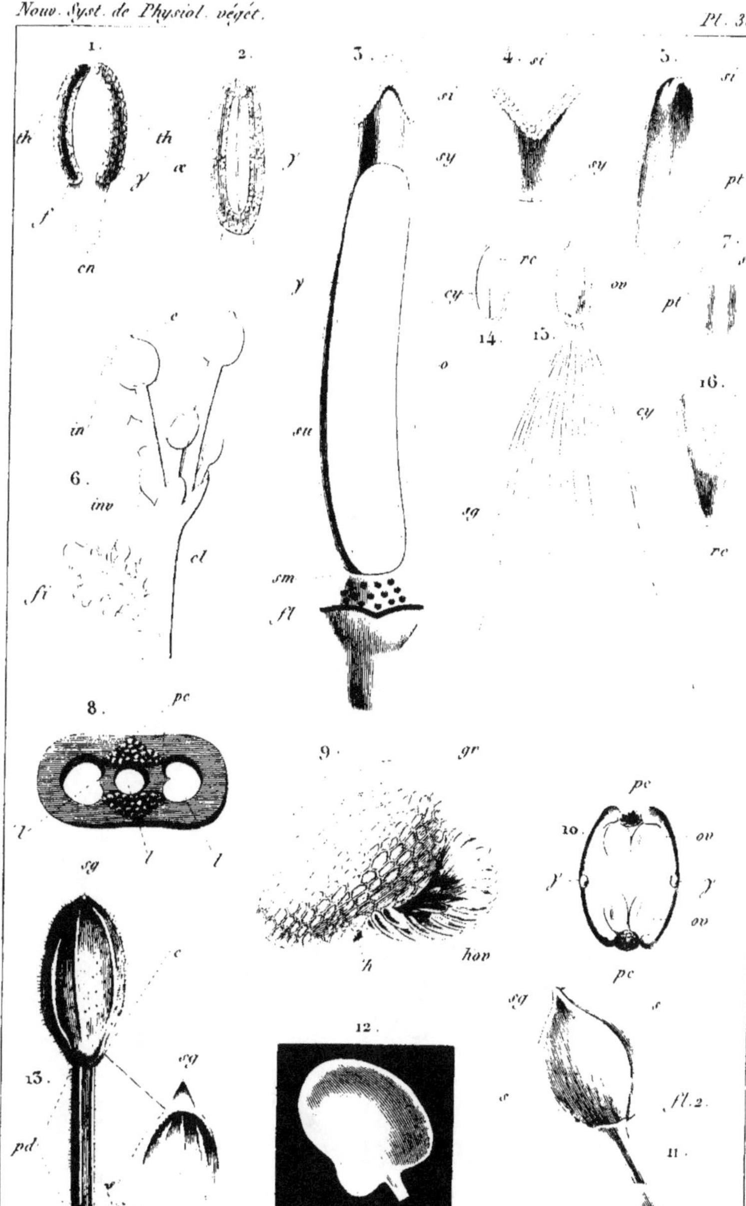

F. Plée sculp

1, 2, 3, 4, 5, 6, 7, 9, 10, 11. Chelidonium majus. — 8. Chelidonium corniculatum. —
12. Fumaria. — 13, 14, 15, 16. Epilobium roseum.

1, 2, 3, 4, 6, 7, 9, 10, 11, 12. Epilobium roseum. — 5, 8. Epilobium tetrangulare.

1-17. Œnothera biennis.

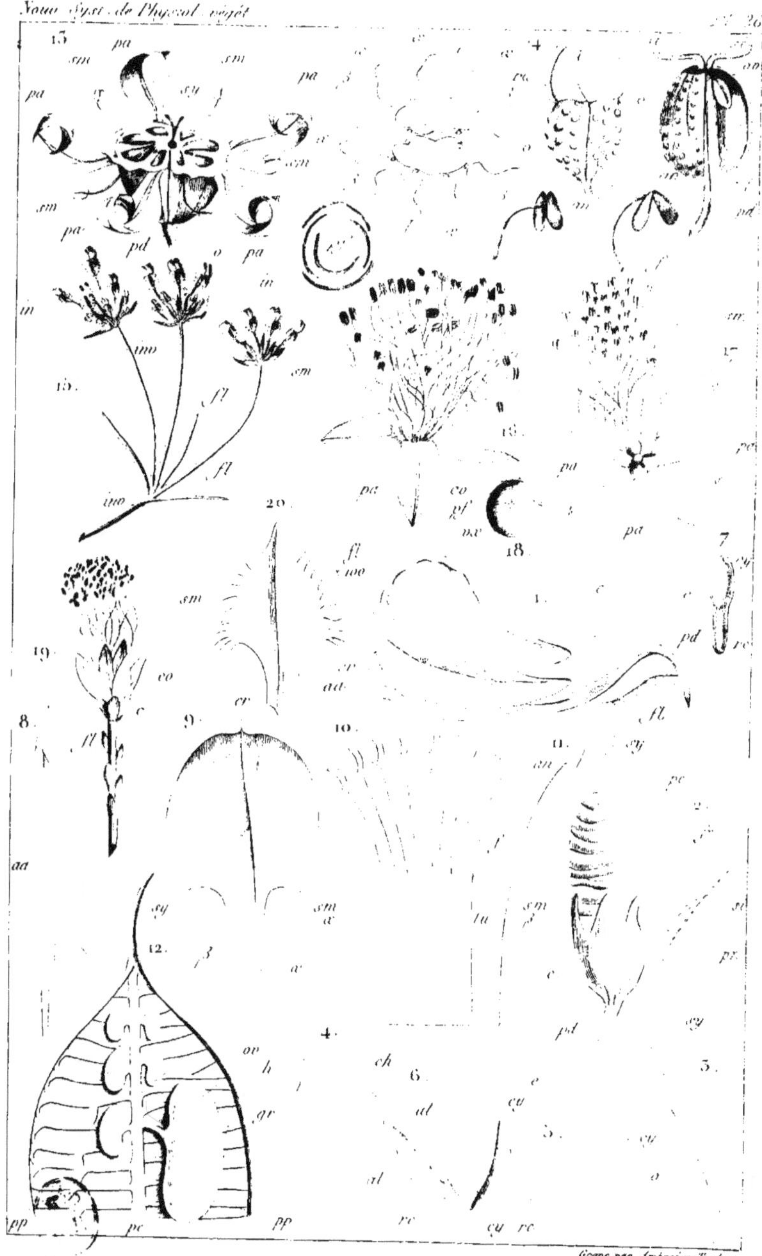

Gravé par Ambroise Tardieu.

1–12. Medicago lupulina. — 13–15. type floral des Ombellifères. — 16–20. type floral des Acacia

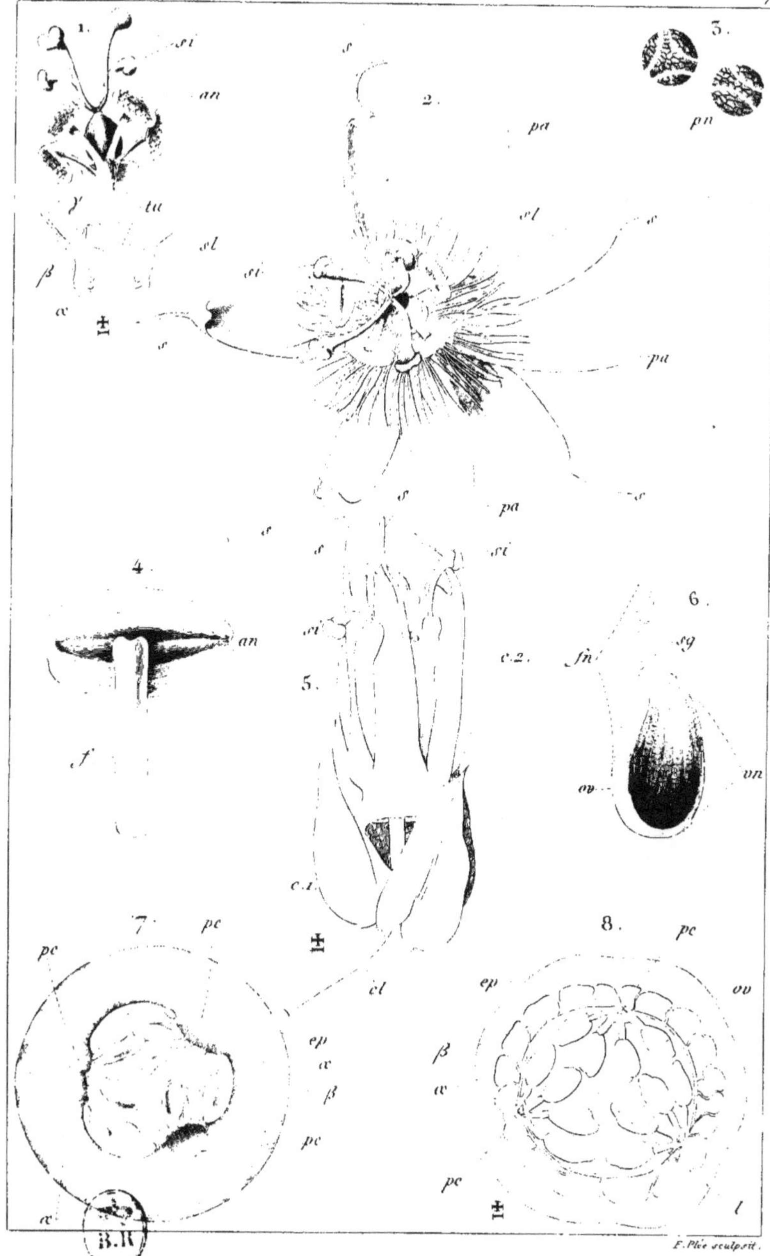

Passiflora alba.

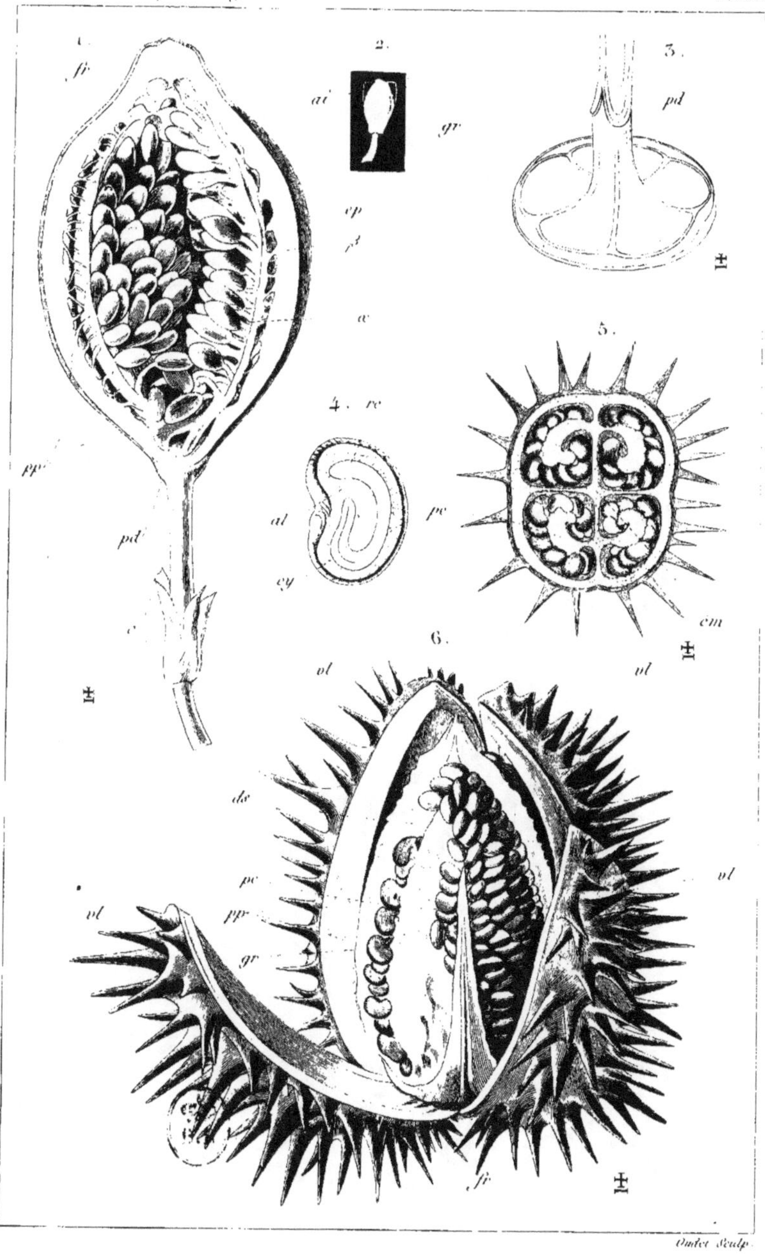

1,2. Passiflora alba. — 3,4,5,6. Datura stramonium.

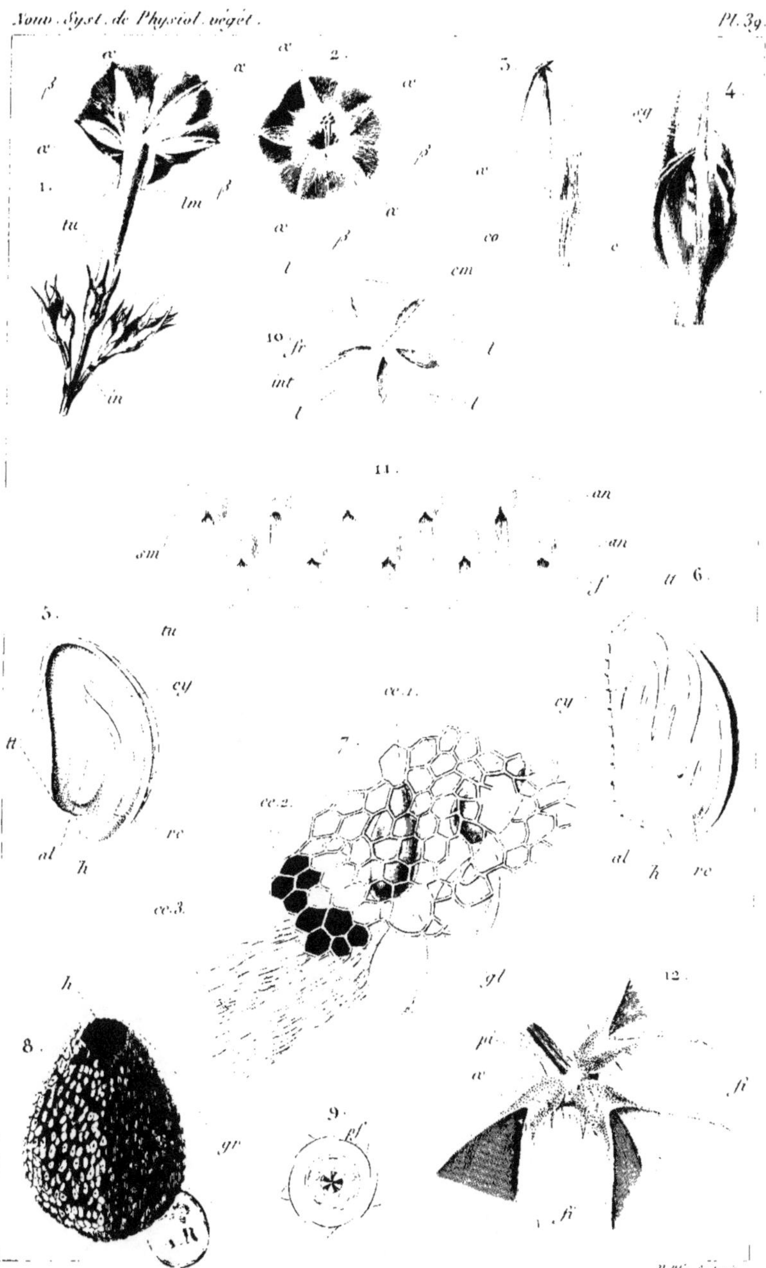

1,2,3,4 Ipomœa coccinea. — 5,6,-,8 Convolvulus sibiricus. — 10,11,12 Oxalis corniculata.

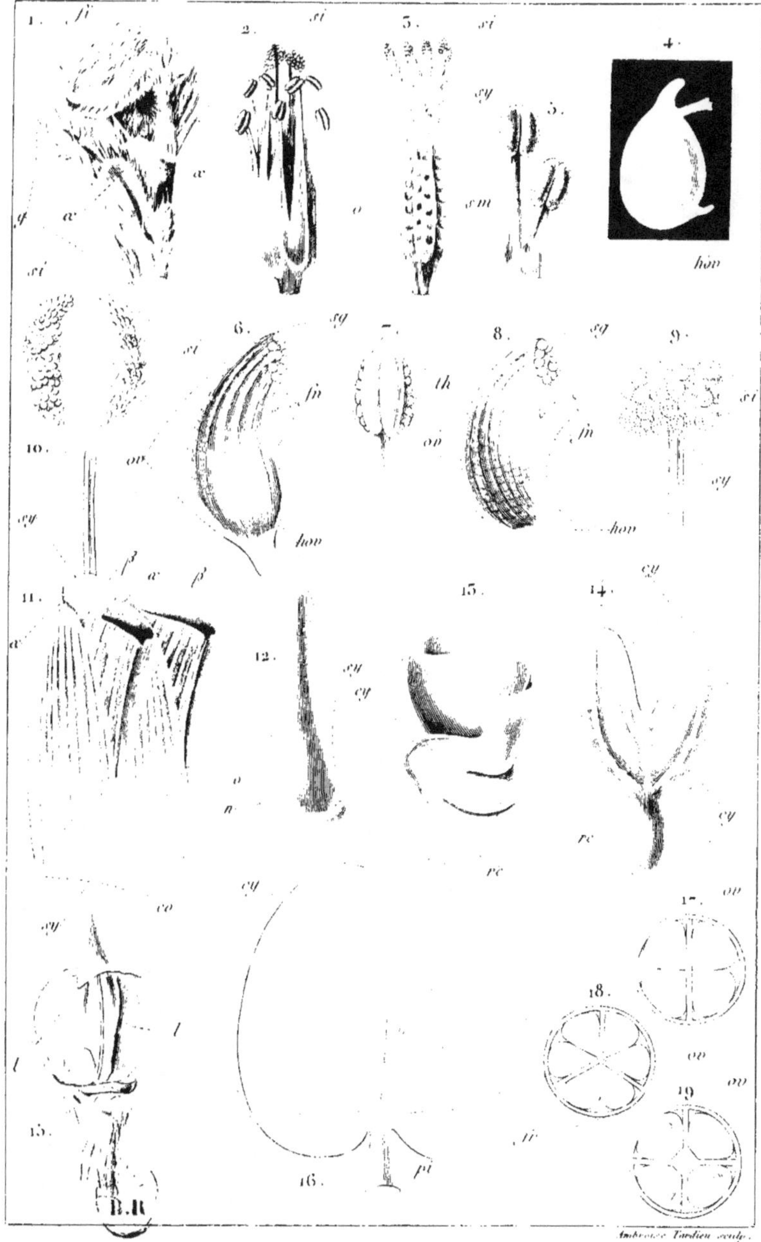

1, 2, 3, 4, 5, 6, 8, Oxalis corniculata. — 7, 10, 16, 17, Convolvulus sepium. — 9, 11, 12, 19, Ipomœa coccinea. — 14, 15, Ipomœa nil. — 18, Ipomœa hederacea.

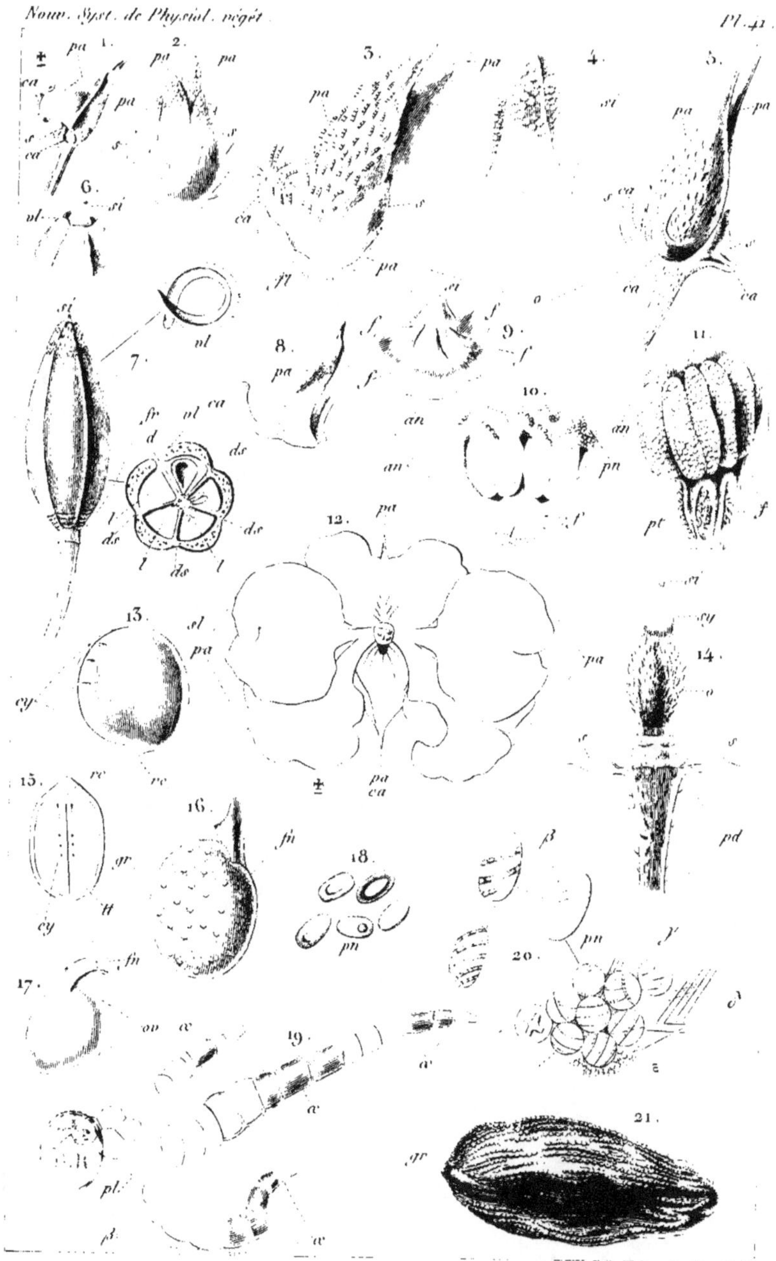

1 — 20. *Impatiens balsamina*. — 21. *Impatiens noli tangere*.

F. Plée Sculp.

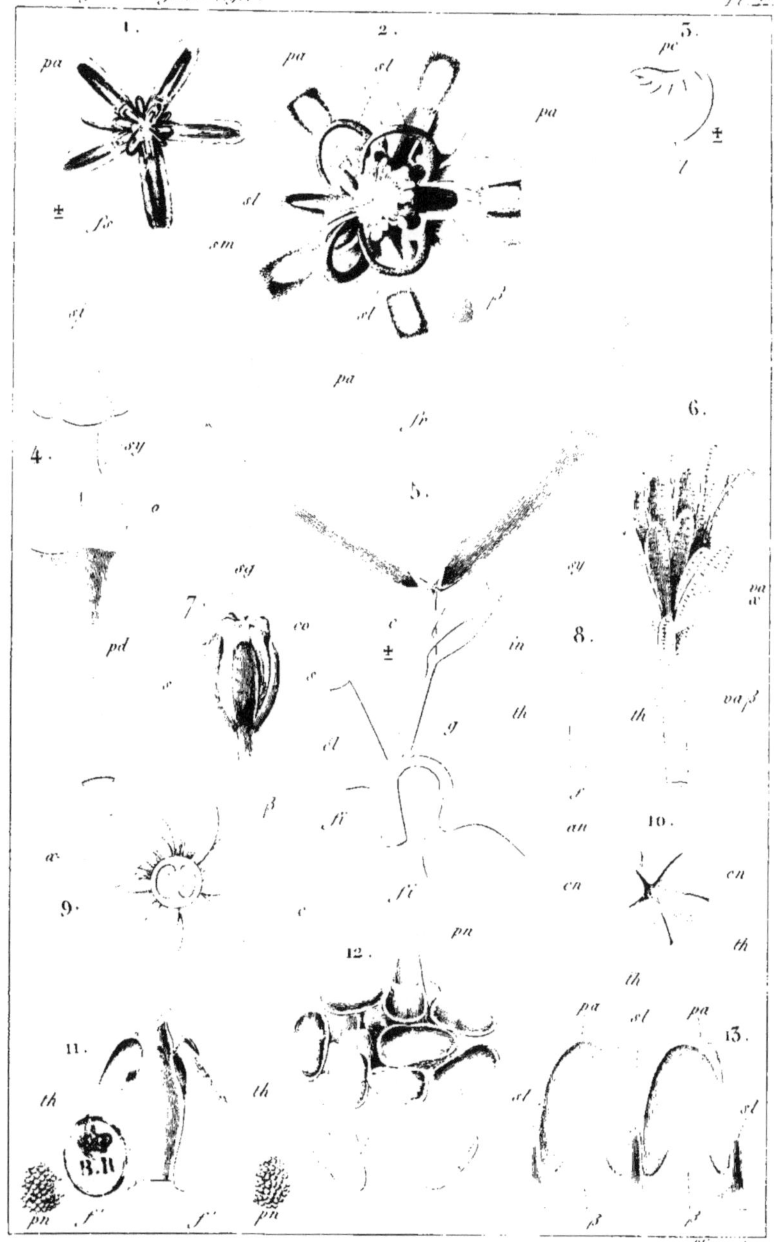

1, 2, 4, 9, 8, 10, 11, 12, 13 Periploca angustifolia — 3, 5 Asclepias nigra — 6 Asclepias mexicana

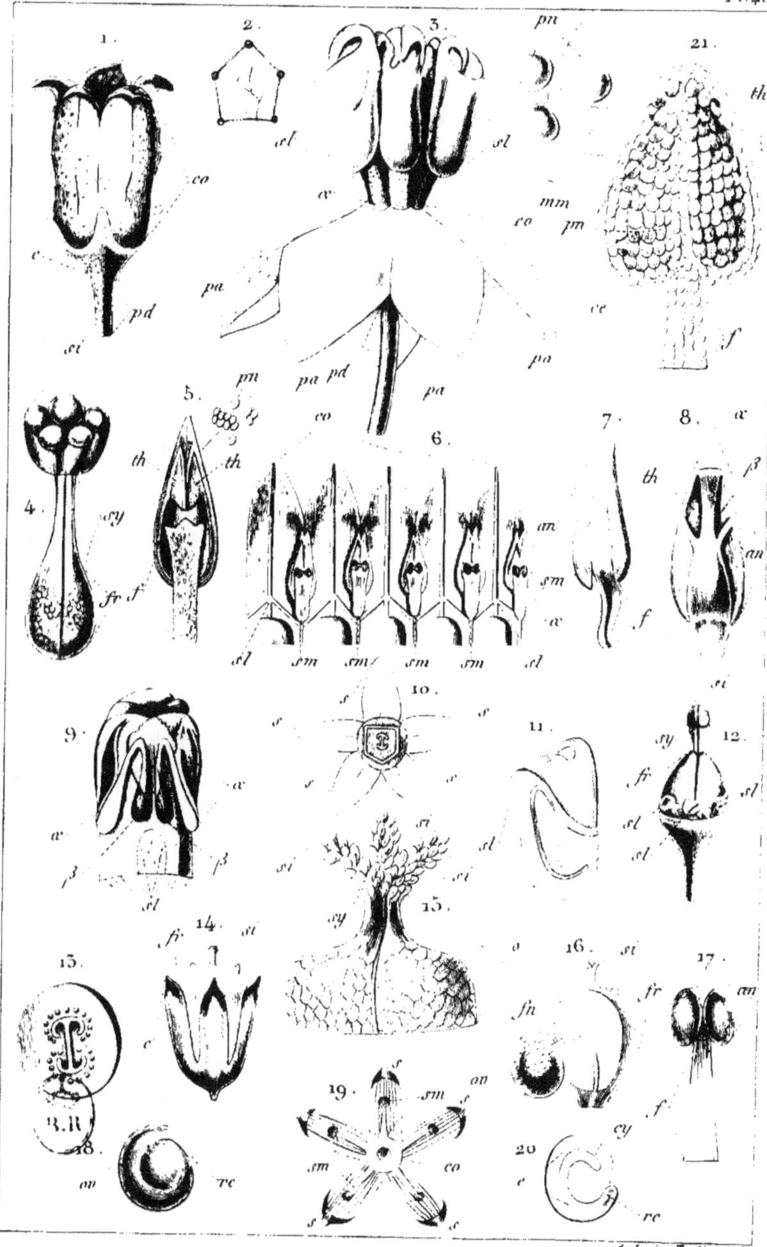

1, 3, 6, 7, 10, 12, 13, Apocynum androsæmifolium. — 2, 3, 4, 8, 9, 11, Asclepias frutescens. — 14, 16, 17, 18, 19, 20, Queria canadensis. — 21, Portulaca oleracea.

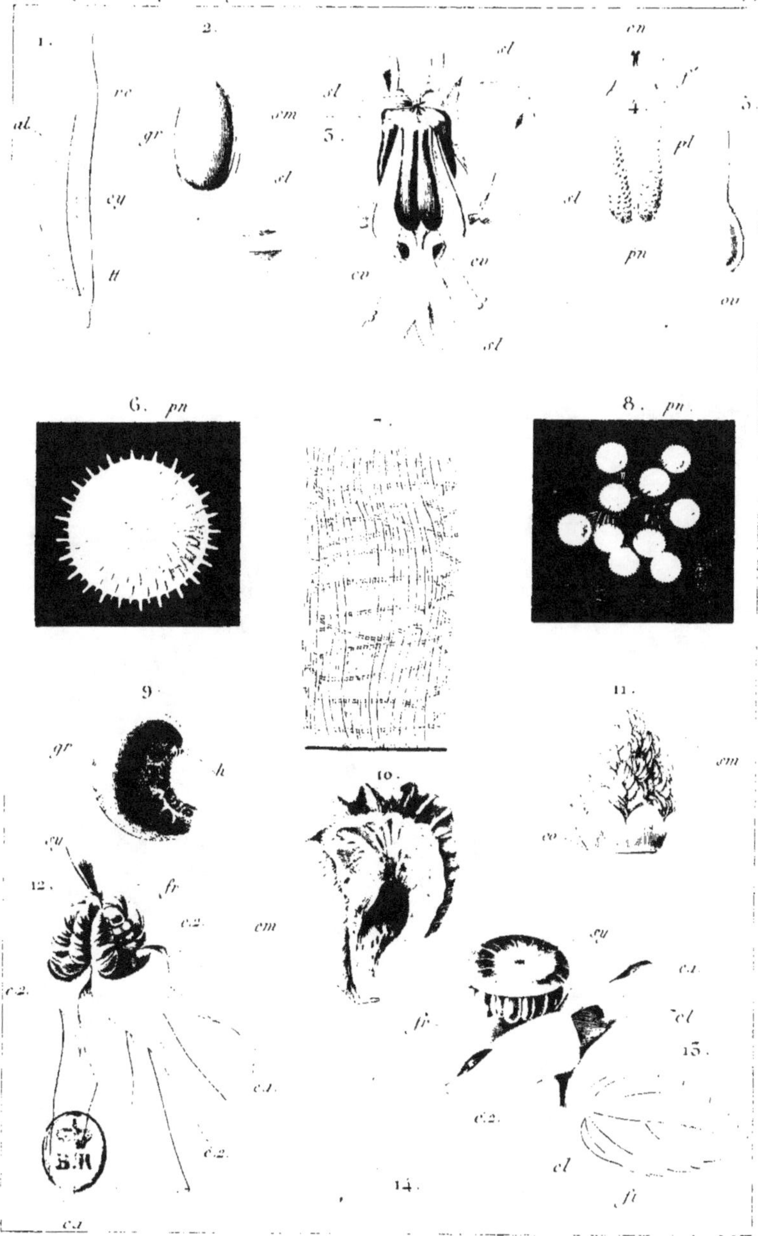

F. Piot sculpsit

1, 2, 5. Asclepias nigra. — 3, 4. Asclepias mexicana. — 6, 8. *malvacées*. — 7. *paroi interne de
la loge du* Malva erecta × *150 fois*. — 9, 10. Althœa. — 11. Hibiscus palustris. — 13. Lavatera
trimestris. — 12. Kitaibelia vitifolia.

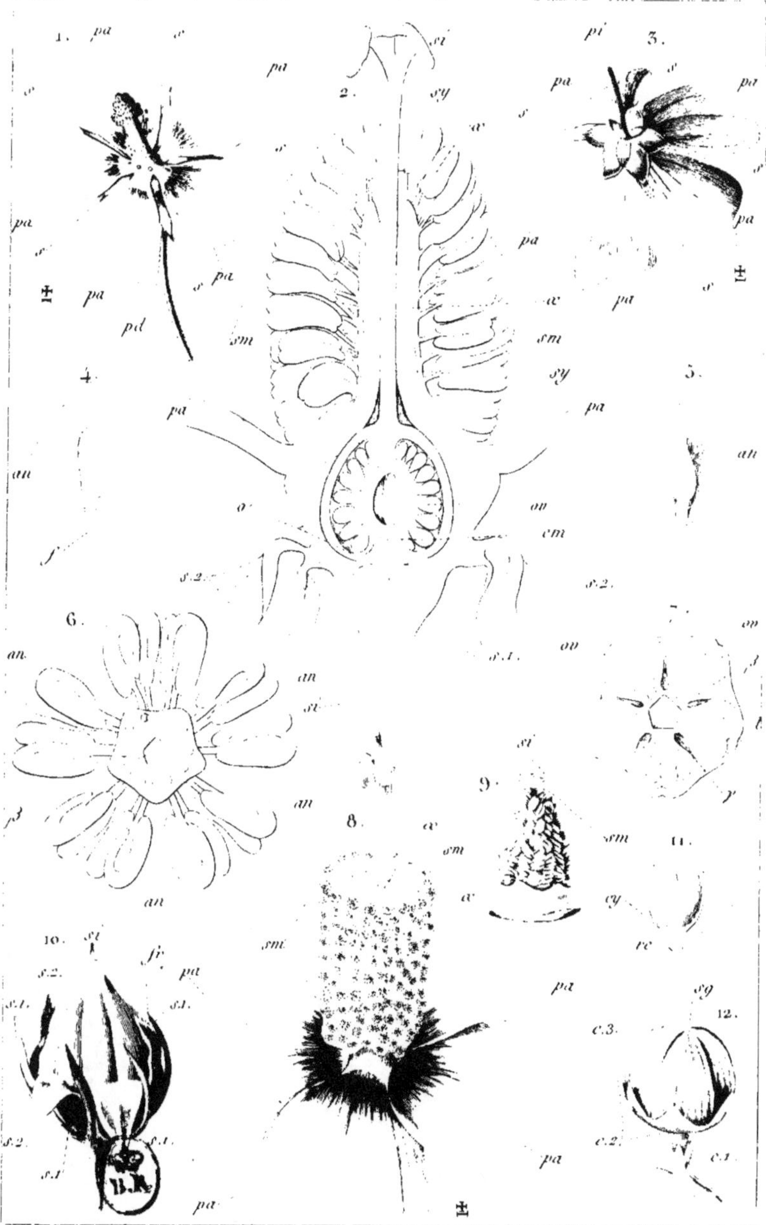

1, Malva asperrima. — 2,4,5,6,7,8,9. Hibiscus palustris. — 10. Hibiscus syriacus. — 12. Althœa.
— 3, 11, Lavatera trimestris.

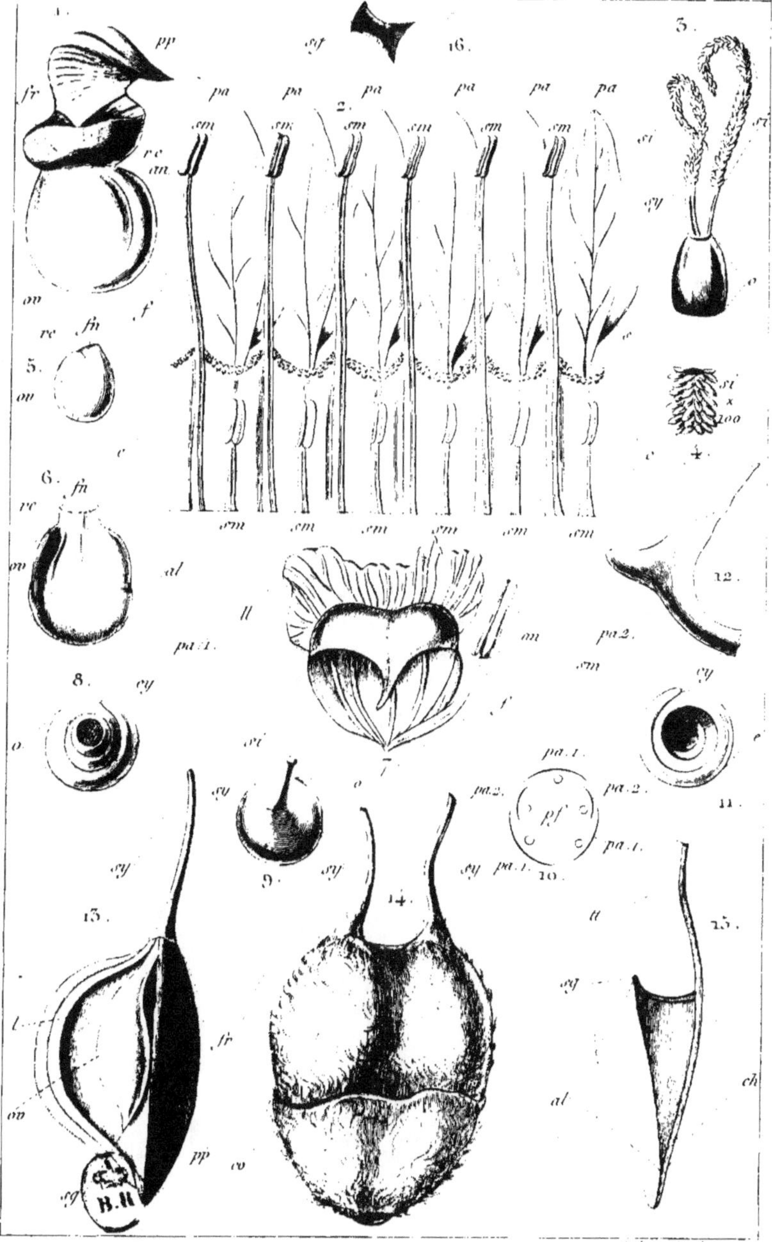

1,3,4,5,6. Cannabis sativa. — 2. Lythrum salicaria. — 7,8,9,10,11,12. Salsola tragus. —
13,14,15,16. Fothergilla alnifolia.

1,3,6,8,9,10. Reseda fruticulosa. —2.5. Reseda mediterranea. —4.7. Reseda phyteuma.

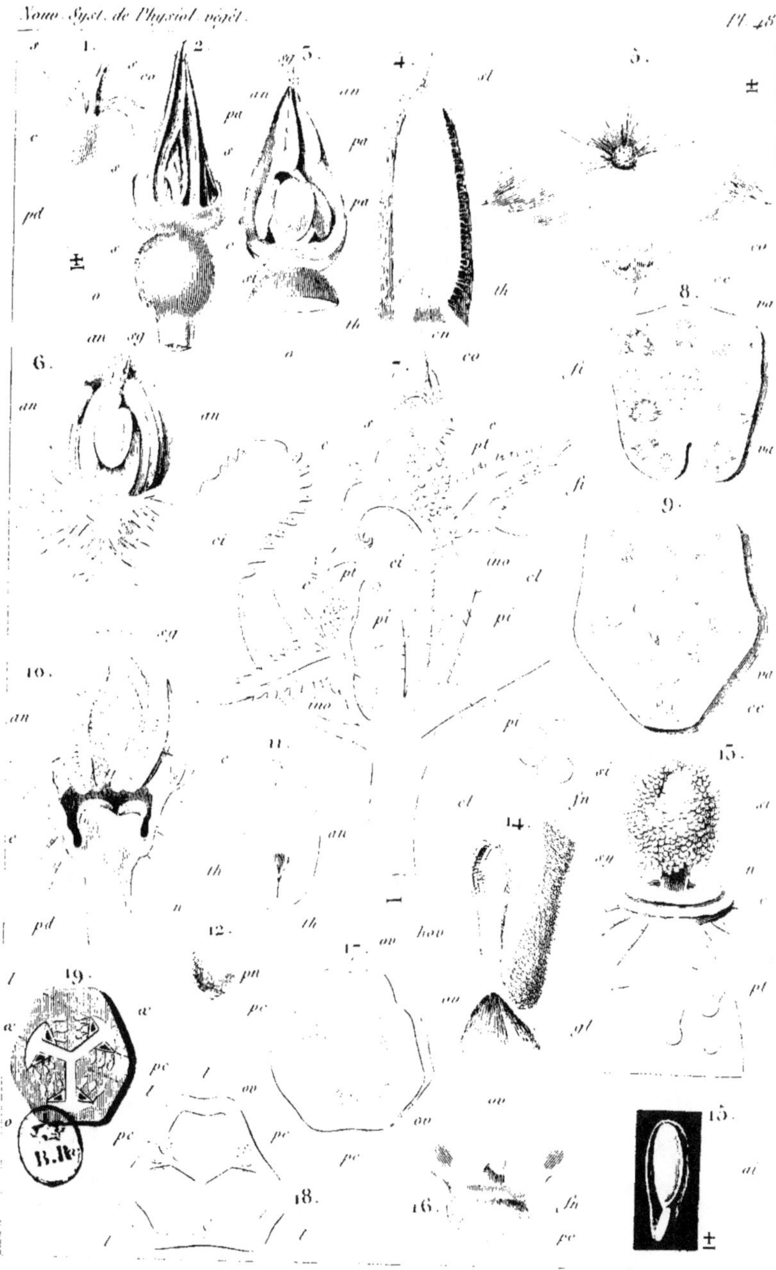

2,3,4,14,15,16 Cucumis colocynthis — 1,5,6,7,8,9,10,11,12,13,17,18,19 Cucumis sativus.

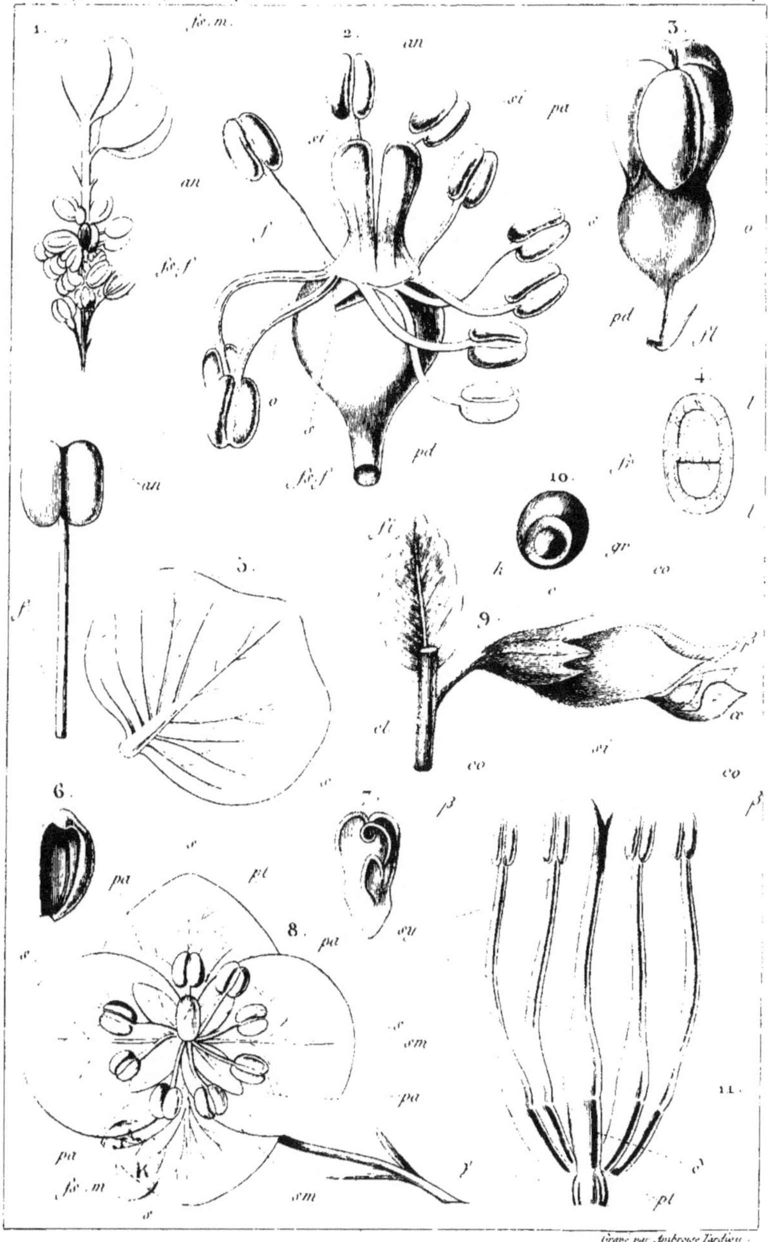

1-8. **Hydrangea** *à deux types floraux sur la même tige.* — 9.10. **Teucrium chamædrys.**

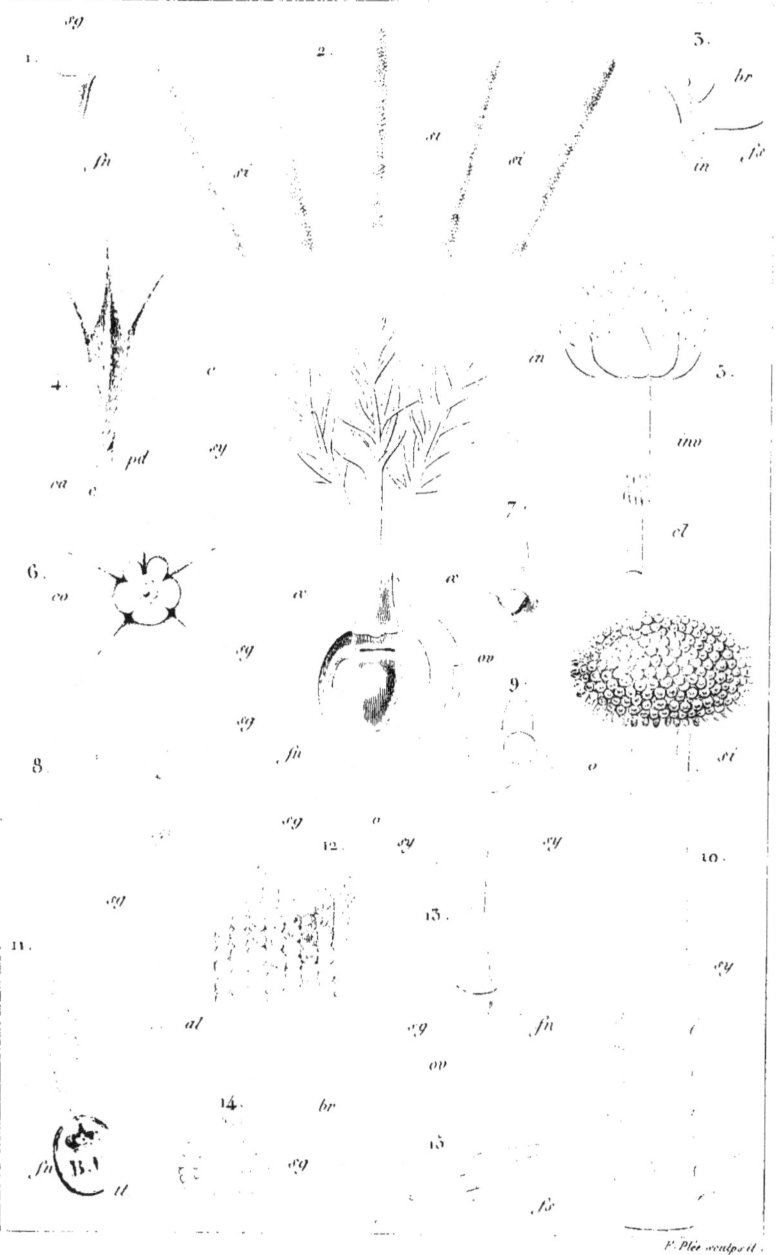

F. Plée sculps. it.

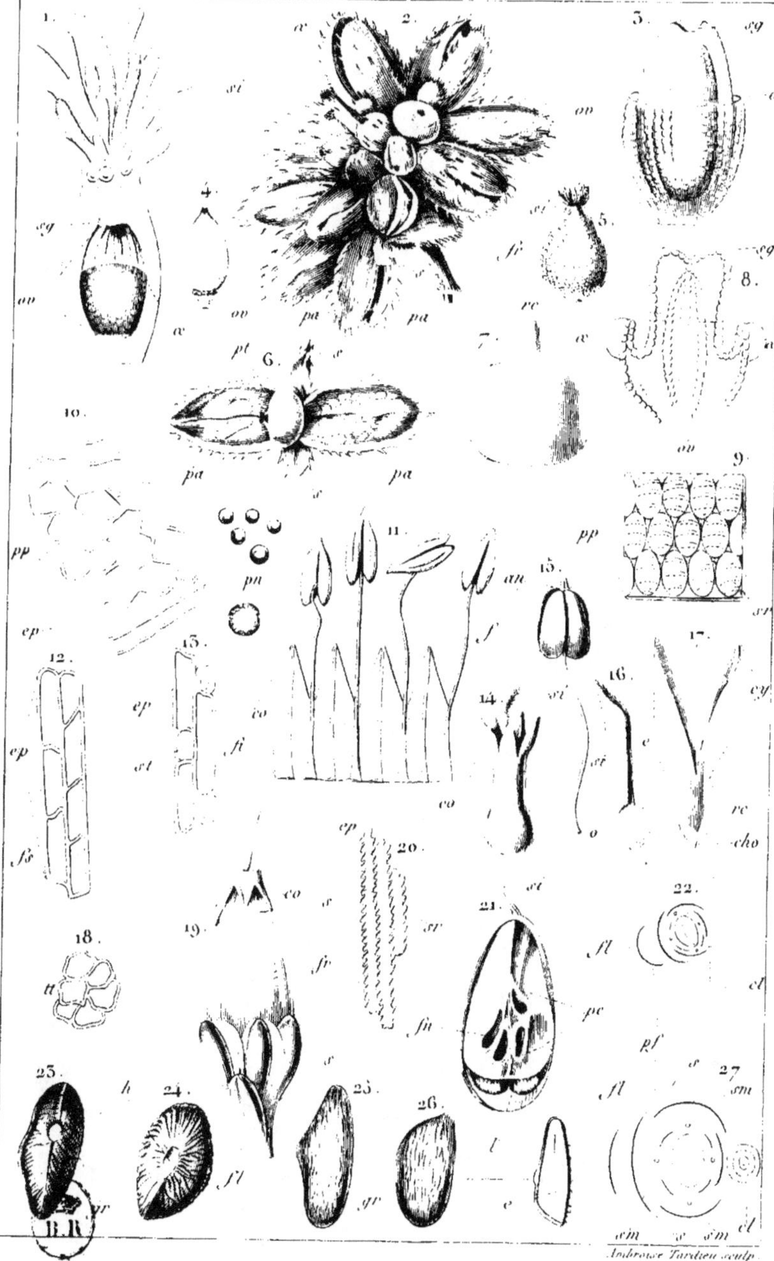

1-10, Urtica dioica (femelle). — 11-27, Plantago major.

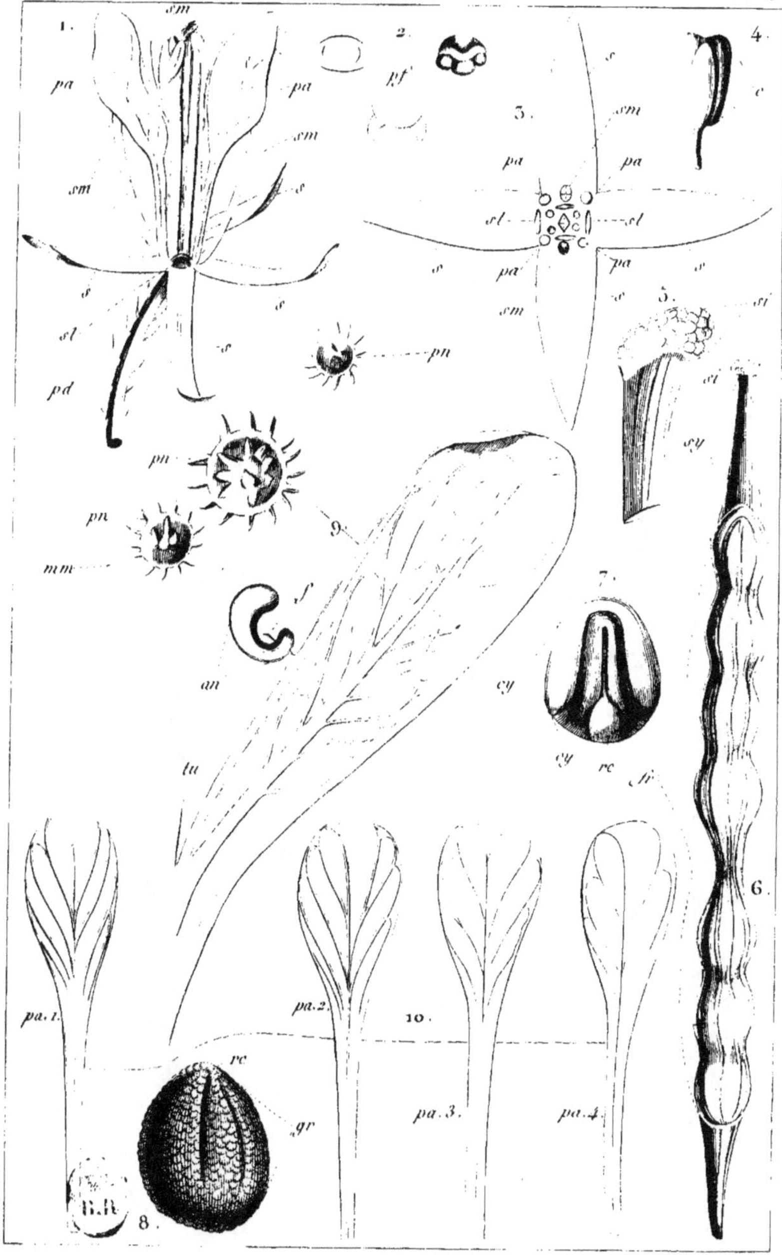

Ambroise Tardieu sculp

1, 2, 3, 4, 5, 6, 7, 8, 10, Raphanus raphanistrum. —9 *petale pollinifère de* l'Hibiscus rosa sinensis.

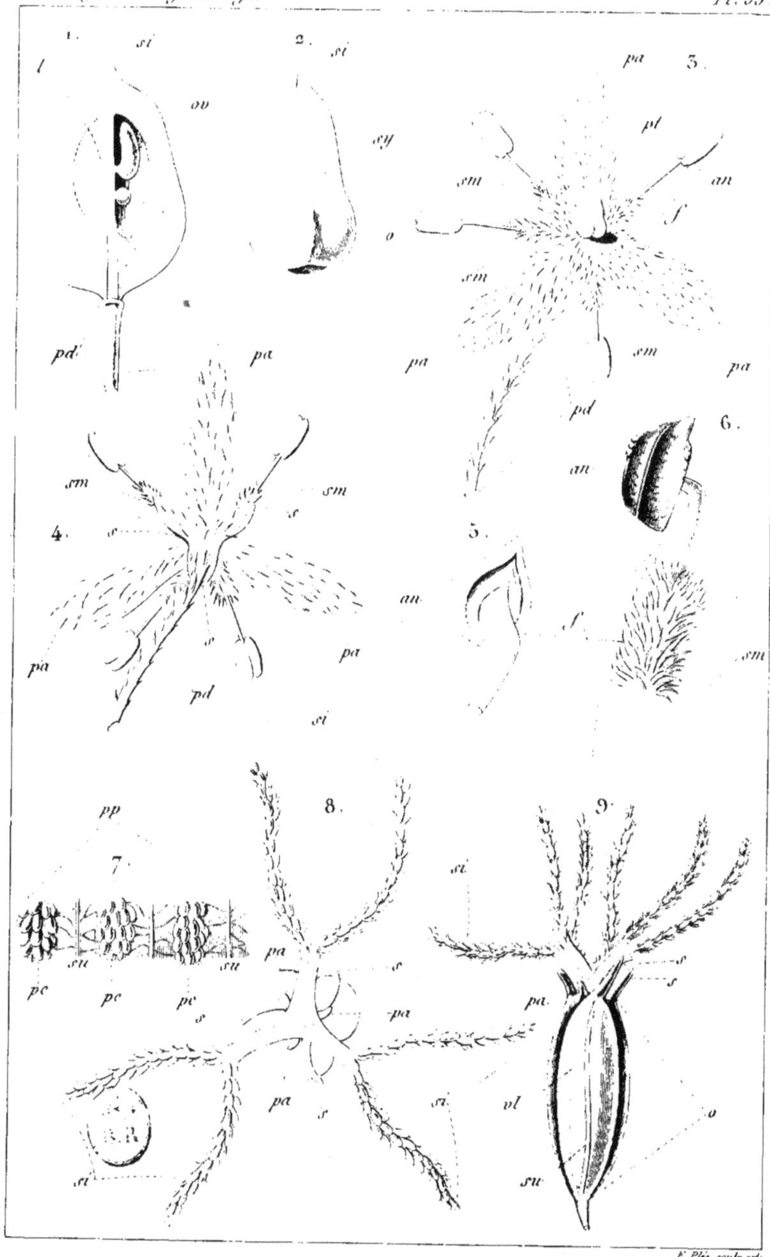

1,2,3,4,5,6. Ptelea trifoliata. — 7,8,9. Datisca cannabina.

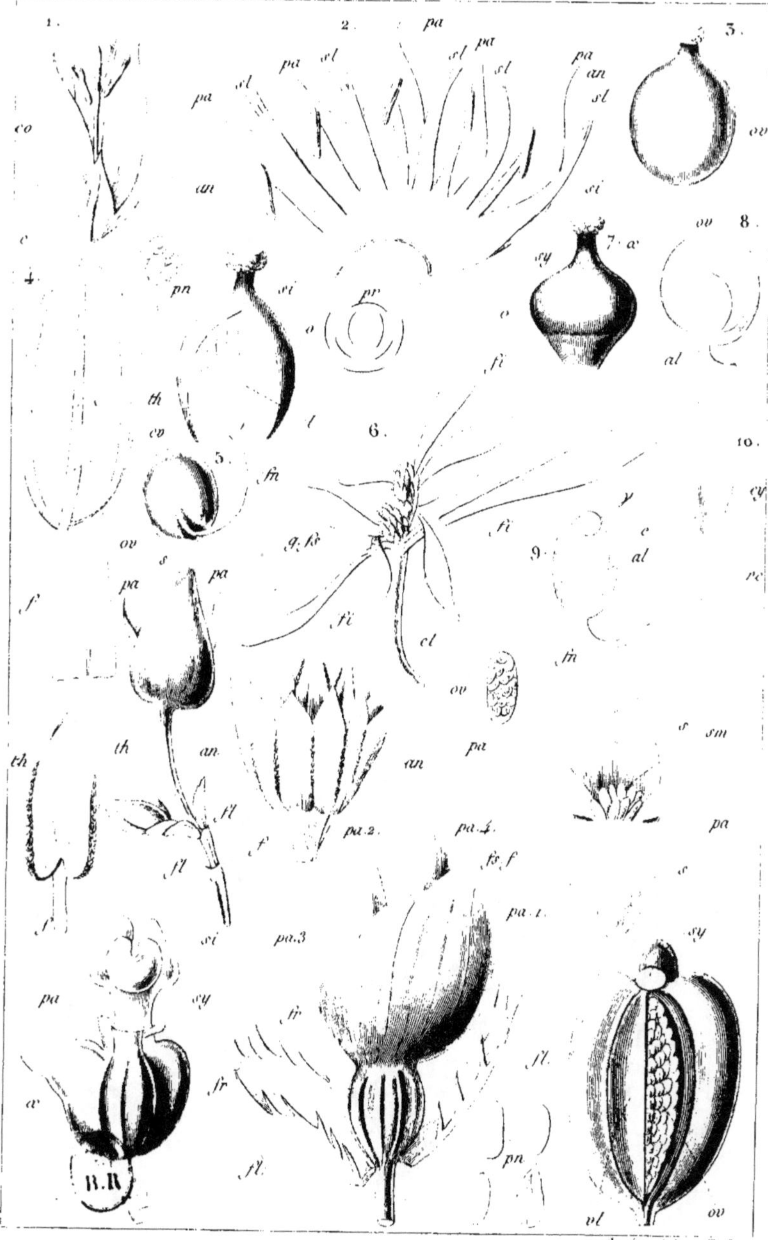

1-10. Paronychia sessilis. — 11-17. Begonia hirsuta.

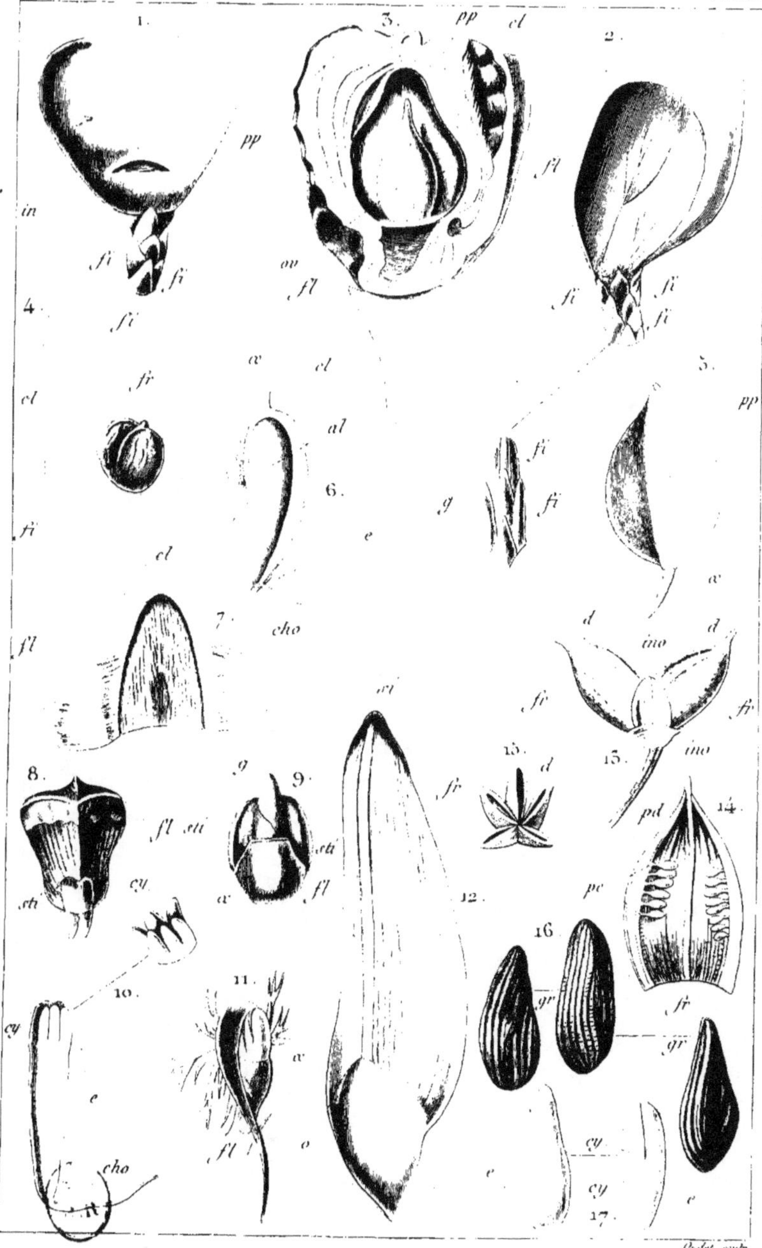

1, 2, 5, 6. Juniperus suecica. — 3, 4. Cycas. — 7, 8, 9, 10, 11, 12. Pinus sylvestris. — 13, 14, 15, 16, 17. Sedum aizoon.

1-5, analyse de l'inflorescence des Figuiers. — 6, fleur du Ziziphus et du Paliurus. — 7-11, analyse de la fleur de l'Alsine segetalis. — 12,13, organes sexuels du Callitriche. — 14, fleur des Potamogeton.

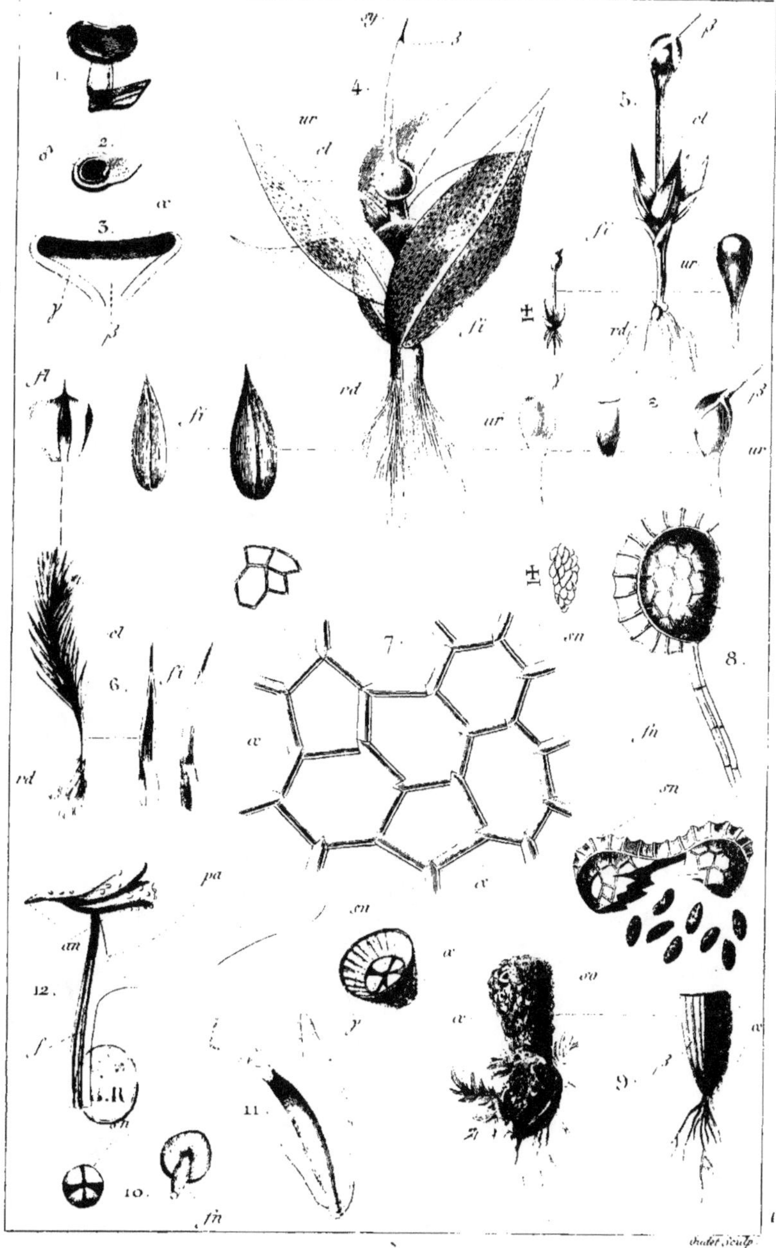

1, 2, 3, **Peziza**. — 4, 5, **Gymnostomum**. — 6, *individu mâle de* **Polytrichum**. — 7, **Hydrodyction**. — 8, *sporange et spores des Fougères*. — 9, 10, **Cyathus**. — 11, *anthère des Mousses*. — 12, *étamine déviée du* **Cydonia**.

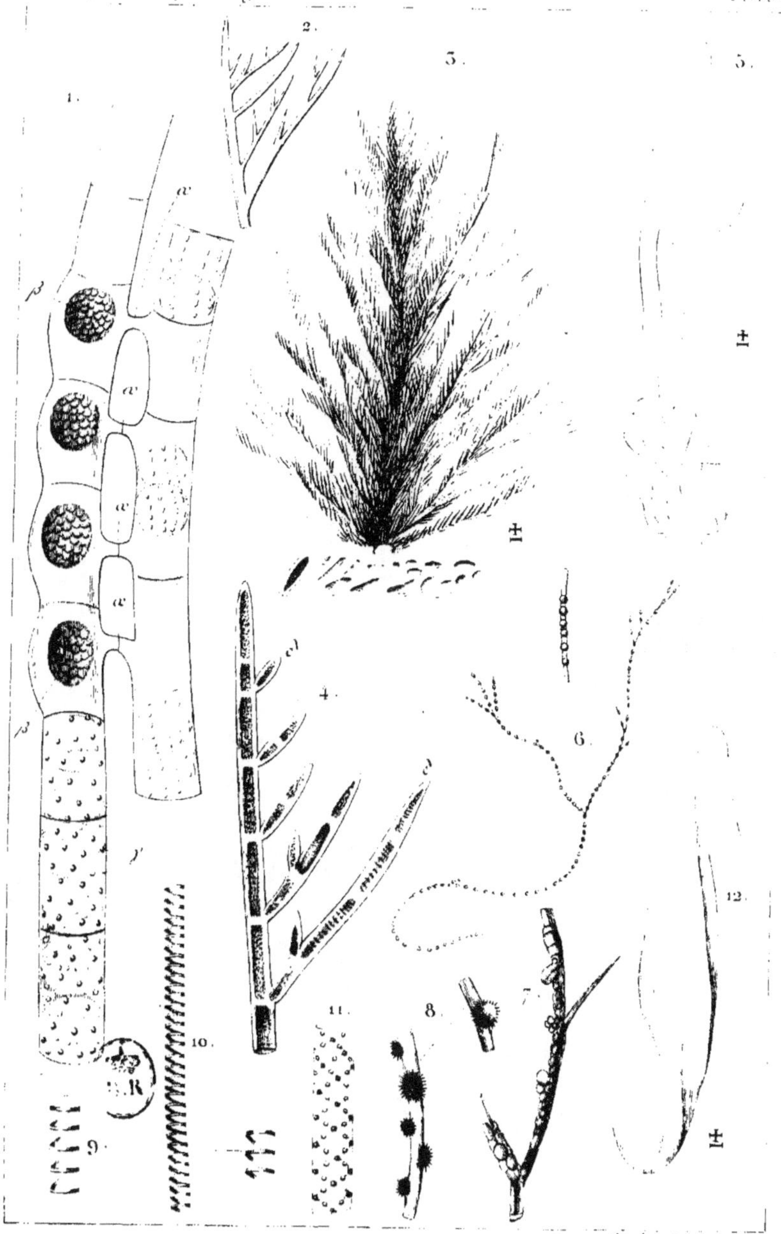

1.9.10.11.12. Conferva portualis *à différens ages.* — 2.3.4. Conferva *ou* Polysperma glomerata. — 5.6.7.8. Vaucheria dichotoma.

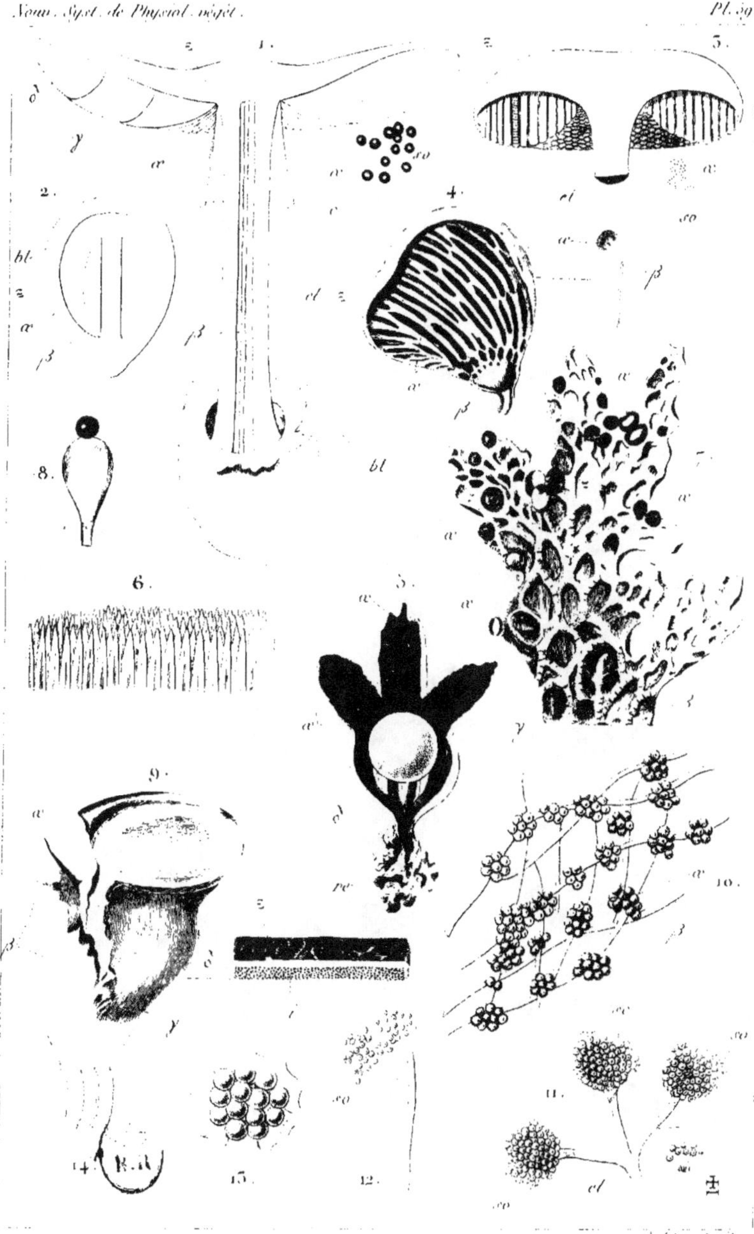

1. 2. développement et caractères de l'Agaricus — 3. structure des Boletus. — 4.
développement et structure des Polyporus. — 5. Geastrum. — 6. caractères des Hydnum. —
7. Lichen pulmonarius. — 8. Pilobolus cristallinus — 9. Mycoderma prenant l'aspect des
Auricularia — 10, 13, 14 différens types de conferves du bas de l'échelle. — 11. 12. Mucor.

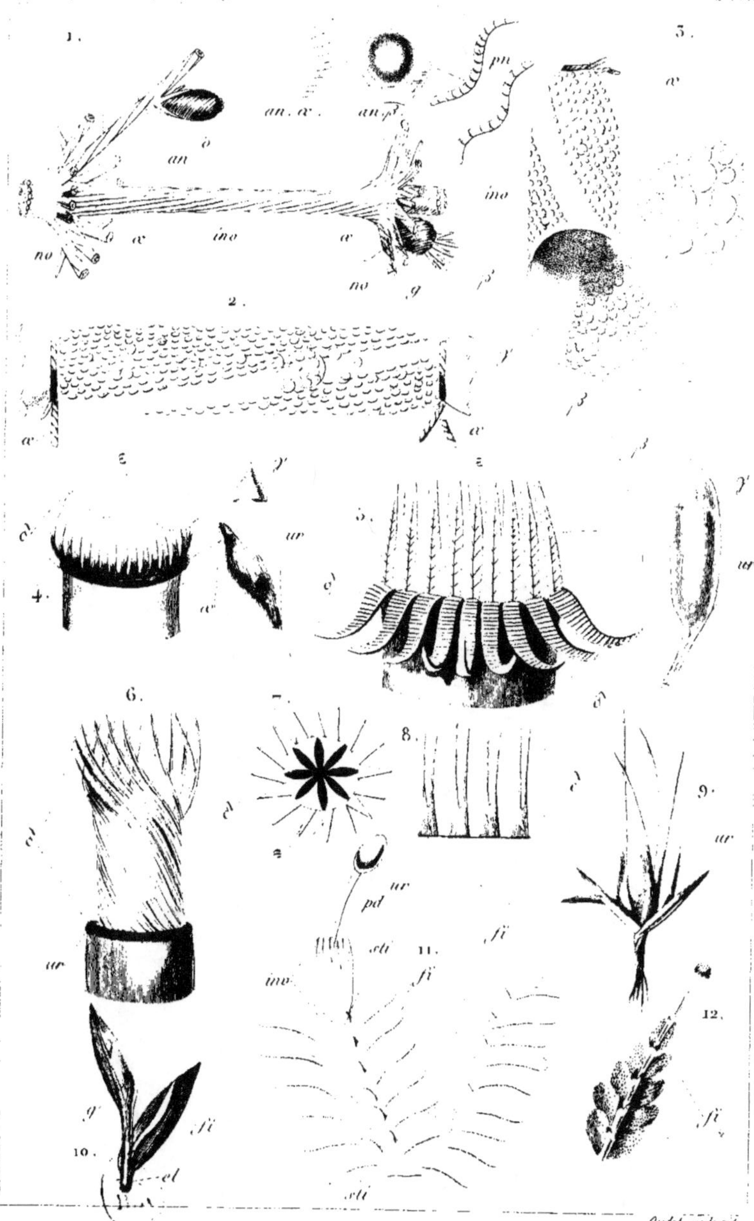

Oudet sculpsit.

1-3, Chara hispida. — 4, caractères du Polytrichum. — 5, caractères de l'Hypnum. — 6, caractères du Tortula. — 7, caractères de l'Orthotrichum. — 8, caractères du Dicranum. — 9, Phascum subulatum. — 11, 12, Jungermannia.